I N V E S T I G A Ç Ã O

IMPRENSA DA UNIVERSIDADE DE COIMBRA
COIMBRA UNIVERSITY PRESS

EDIÇÃO
Imprensa da Universidade de Coimbra
Email: imprensauc@ci.uc.pt
URL: http//www.uc.pt/imprensa_uc
Vendas online: http://livrariadaimprensa.uc.pt

COORDENAÇÃO EDITORIAL
Imprensa da Universidade de Coimbra

CONCEPÇÃO GRÁFICA
António Barros

INFOGRAFIA
Mickael Silva

PRINT BY
CreateSpace

ISBN
978-989-26-0629-3

DEPÓSITO LEGAL
363884/13

IMPRENSA DA
UNIVERSIDADE
DE COIMBRA
COIMBRA
UNIVERSITY
PRESS

PORTUGAL
GEOGRAFIA, PAISAGENS E INTERDISCIPLINARIDADE

FERNANDO REBELO

SUMÁRIO

PREFÁCIO

"Portugal. Geografia, Paisagens e Interdisciplinaridade". Título estranho? Sim, de certo modo. Mas a verdade é que a Geografia está ligada à observação de campo, feita com apoio cartográfico, na busca de explicação para as paisagens. A interdisciplinaridade é intrínseca a essa busca. A compreensão da base física das paisagens exige do geógrafo alguns conhecimentos de Geologia. No entanto, a própria noção de paisagem tem em si o trabalho humano ao longo de gerações. Aí a exigência de que o geógrafo saiba algo de História e tenha alguma sensibilidade para entender influências culturais e económicas.

O livro que agora apresento foi pensado no contexto de um quase regresso ao passado. Não nos textos, que se desenvolveram a partir de artigos ou comunicações escritos já no século XXI, mas no intuito de salientar que entendo a Geografia como uma ciência de encruzilhada, onde várias outras convergem, e também como uma ciência que, não sendo obrigatoriamente de síntese, pode caminhar nesse sentido, embora consciente da escala a que em cada momento está a trabalhar.

A Introdução aparece desdobrada em dois textos de tamanho diferente. Um sobre os dois livros que mais me influenciaram nos tempos de estudante. Curiosamente, os dois da autoria de Orlando Ribeiro, o grande geógrafo português que iniciou a sua carreira docente universitária em Coimbra, donde se deslocou para um percurso científico longo e brilhante no Centro de Estudos Geográficos que criou em Lisboa. O outro é um texto mais extenso, mas que, mesmo assim, não passa de uma curta síntese da Geografia de Portugal, datada, é certo, mas que dá as linhas gerais do que é fundamental para a compreensão do território onde mais trabalhei.

A I Parte, "Estudos de Base", pretende dar uma ideia da importância da cartografia nos trabalhos dos geógrafos, exemplificando com a sua evolução na Escola Geográfica de Coimbra, em especial na área da Geografia Física – a cartografia que apoia o trabalho dos geógrafos dá passagem à cartografia temática que os geógrafos produzem para uma leitura mais interessante e eficaz dos seus trabalhos de investigação. Além disso, exemplifica-se também com um trabalho de âmbito local sobre a relação entre Coimbra e o Mondego, destacando a interdisciplinaridade necessária em estudos deste tipo, e ainda com outro sobre a importância das observações de processos atuais em ambientes glaciares e periglaciares para a compreensão das formas de relevo herdadas na mais alta montanha de Portugal continental, a Serra da Estrela.

A II Parte, "Paisagens de Portugal" é, antes de mais, a tentativa de sintetizar uma realidade extremamente variada e complexa. Escrito com a ideia da sua aplicação ao Turismo, o texto inicial foi revisto e enriquecido com mais ilustração, embora com a consciência da impossibilidade de, salvo em raras situações, se descer ao pormenor local – a escala taxonómica escolhida foi a da região ou da sub-região.

A III Parte, "Outros Estudos, Outras Paisagens", poderá mostrar que a procura de outras paisagens para além das nossas, nos pode conduzir a considerações de ordem geopolítica, com factos que se integram na História, tanto de regiões como de países.

Na Conclusão, escolhi um texto escrito para abertura das aulas de Geografia de Portugal que, nos últimos anos, tenho dado aos alunos do primeiro semestre do primeiro ano da Licenciatura em Turismo, Lazer e Património. Trata-se de um texto que pretende "remar contra a maré", um texto que tenta deixar palavras de esperança a estudantes que, num momento tão crítico da sua juventude, o da entrada na Universidade, são diariamente confrontados com estranhos preconceitos, sem qualquer fundamento geográfico, como são o da pequenez ou o da pobreza do seu país. Só devemos comparar realidades potencialmente comparáveis.

As observações e os estudos geográficos que preencheram já mais de 50 anos da minha vida levam-me à conclusão de que, mesmo que o euro acabe e a União Europeia se desmorone, Portugal será sempre um país viável graças às riquezas que possui, entre as quais sobressai o seu povo inteligente e trabalhador.

Fernando Rebelo

INTRODUÇÃO

DOIS LIVROS FUNDAMENTAIS PARA A FORMAÇÃO DE UM GEÓGRAFO EM PORTUGAL

Orlando Ribeiro (fot. 1) tinha publicado, em 1945, aquele que é, provavelmente, o mais belo livro de Geografia escrito até hoje no nosso país – *Portugal, o Mediterrâneo e o Atlântico*. Continuou a trabalhar duramente e, em 1949, organizou o Congresso Internacional de Geografia de Lisboa. Com todo o material que havia recolhido, muito do qual lhe servira para apresentar várias comunicações e publicar dois livros-guia para viagens de estudo (*Le Portugal Central* e *L'Île de Madère*), impunha-se-lhe a elaboração de uma grande síntese sobre a Geografia de Portugal. Assim, seis anos depois do Congresso, Orlando Ribeiro publicou, em língua castelhana, *Portugal*, Tomo V da *Geografia de España y Portugal*, dirigida por Manuel de Terán (Barcelona, Montaner y Simón, 1955). Aí estavam a Geografia Física e a Geografia Humana de Portugal num só livro e em estilo diferente, muito mais clássico na concepção e na escrita do que o anterior.

Por estes dois livros estudaram gerações de estudantes, principalmente de Geografia, mas também de História ou de Geologia, durante mais de 30 anos, até que Suzanne Daveau empreendeu a hercúlea tarefa de colocar lado a lado, traduzidas, as Geografias de Portugal de Hermann Lautensach e de Orlando Ribeiro, acrescentando-lhes os seus comentários e actualizações.[1]

---

[1] Texto solicitado pela Dra. Ana Rajado, para uma publicação sobre Orlando Ribeiro (enviado em 31 de janeiro de 2008), com ligeiras adaptações.

Fot. 1 – Orlando Ribeiro (1911-1997), em 1974.

Como estudante liceal, nos finais dos anos 50, já tinha consultado *Portugal, o Mediterrâneo e o Atlântico*. Como estudante universitário, nos anos 60, voltei a contactar com ele a propósito de algumas aulas de Geografia Humana. Mas foi o *Portugal*, de 1955, o livro de Orlando Ribeiro que me marcou mais profundamente quando, em 1963/64, no quarto ano da Faculdade, tive de estudar Geografia de Portugal. Era o livro mais insistentemente aconselhado pelo meu professor, Alfredo Fernandes Martins, para matérias de Geografia Física de Portugal.

Adquiri os dois em 1965, no momento em que, ainda estudante, a terminar o quinto ano e a trabalhar na tese de Licenciatura, comecei a dar aulas do ensino secundário particular, em Leiria. Assinei-os, para frisar a posse,,, E datei por baixo. Eram meus, finalmente, aqueles livros que tão importantes tinham sido nos anos anteriores. De repente, verifiquei que *Portugal, o Mediterrâneo e o Atlântico*, na sua 2ª edição, revista e actualizada, de 1963, se tinha transformado no meu livro de cabeceira. Lia-se bem, compreendia-se melhor, dava-me ideias para as aulas. Anotei, sublinhei, analisei-o de ponta a ponta. O outro, o *Portugal*, em castelhano, que tão importante havia sido para estudar no ano anterior, encadernado, de maior tamanho, estava sempre à mão, mas transformara-se em livro de consulta.

Hoje, quarenta e alguns anos depois, regresso a qualquer um deles, com o mesmo gosto e o mesmo entusiasmo que me despertaram nos anos 60. Tenho-os em casa, em lugares de destaque nas minhas estantes. Sempre acessíveis. Refiro-os com frequência. E numa altura em que tanto se confunde clima com estado de tempo e não se sabe bem qual é o clima de Portugal, não me canso de citar uma das frases mais felizes que se podem encontrar em *Portugal, o Mediterrâneo e o Atlântico* – "No Verão, o clima mediterrâneo reina por toda a parte, no litoral e no interior, na terra chã e nas serranias". Só Orlando Ribeiro podia dar tanta força geográfica e tanta beleza poética a esta verdade tantas vezes confirmada.

PORTUGAL – UMA BREVE APRESENTAÇÃO[2]

Com os seus quase 92000 km2 de superfície e os seus 10 milhões de habitantes, Portugal é um dos países de dimensão média no contexto da União Europeia (o 13º dos 28). Em termos políticos e administrativos, Portugal é um Estado constituído por um território continental, situado entre os 37 e os 42º de latitude norte, na fachada ocidental da Península Ibérica, e pelas Regiões Autónomas da Madeira e dos Açores, que correspondem, respetivamente, aos Arquipélagos com os mesmos nomes situados no Oceano Atlântico entre os 32 e os 40º de latitude a distâncias do continente que oscilam entre os 900 km, no caso da primeira, e os 2000, no caso da segunda. No território do continente, Portugal tem como vizinhos apenas o Oceano Atlântico, que o banha ao longo de 848 km de costa, e a Espanha, com a qual partilha 1200 km de fronteira terrestre. Curiosamente, esta é uma das fronteiras mais antigas da Europa, resultante de um acordo com o Reino de Castela, assinado no séc. XIII (Tratado de Alcanices, 1297). Desde essa época, tem como capital Lisboa, a maior cidade portuguesa.

Quase todo o território apresenta caraterísticas mediterrâneas, embora não seja banhado pelo Mar Mediterrâneo – tem clima mediterrâneo, com algumas variedades mais húmidas ou mais frias, tem vegetação mediterrânea, com exceções em função da altitude e da presença do oceano, e integra-se no quadro das civilizações mediterrâneas, pelas profundas

---

[2] Texto solicitado e enviado para publicação na 4ª edição da Enciclopédia Internacional Sodruzhestvo (entregue a 28 de abril de 2003), agora revisto, embora mantendo a ideia inicial de uma curta síntese.

influências recebidas das velhas civilizações grega, fenícia e cartaginesa, da civilização romana e da civilização muçulmana, anteriormente à sua formação como Estado independente. Quando descobertas no século XV, as ilhas da Madeira e dos Açores não eram povoadas, pelo que facilmente se compreende que tenha sido esta mesma cultura que as veio a marcar também.

Em termos de Geografia Física, Portugal é um país de grandes contrastes. Na sua maior parte, o espaço continental que ocupa é constituído por rochas antigas, predominantemente granitos e xistos, que oferecem paisagens variadas de montanhas, planaltos e vales profundos no norte e no centro (Minho, Trás-os-Montes e Beiras) e extensas planícies no sul (Alentejo). Apenas no litoral do centro e do sul as rochas são mais recentes, predominando os calcários, que, em geral, originam serras e colinas pouco importantes, embora as areias depositadas pelo mar ou por rios, muito especialmente, o Tejo e o Sado, originem extensas planícies.

As montanhas chegam a ultrapassar os 1500 metros de altitude (na Cordilheira Central, a Serra da Estrela, com 1993 metros de altitude, é a mais alta do território continental). Nas montanhas do Minho sobressai a Serra do Gerês (1545 m). Em Trás-os-Montes e Beira Transmontana, predominam as extensões planálticas, com altitudes entre os 600 e os 900 metros (Meseta e Planalto da Nave); outras extensões planálticas, com altitudes inferiores, envolvem a Cordilheira Central – Beira Alta e Beira Baixa. A Sul da Cordilheira é o domínio das planuras a cotas médias sucessivamente mais baixas – de 400 metros (Beira Baixa), de 300 (Alto Alentejo) e de 200 (Baixo Alentejo).

No centro do país, há uma planície litoral relativamente estreita e algumas serras calcárias, que, todavia, não ultrapassam os 700 metros de altitude; entre estas, salientam-se as Serras de Aire e de Candeeiros, que delimitam o Maciço Calcário Estremenho, área onde se encontram formas de relevo cársico. No sul, entre as planícies do Alentejo e as colinas calcárias do Algarve há, igualmente, um conjunto montanhoso que chega a ter alguma importância na Serra de Monchique (902 metros de altitude).

As ilhas da Madeira e do Porto Santo, as duas únicas ilhas habitadas do Arquipélago da Madeira, tal como as nove ilhas habitadas dos Açores (S. Miguel e Santa Maria, no Grupo Oriental, Terceira, Pico, Faial, S. Jorge e Graciosa, no Grupo Central, e Flores e Corvo, no Grupo Ocidental) são todas de origem vulcânica. Algumas das ilhas dos Açores têm aparelhos vulcânicos bem conservados e foram palco de erupções em tempos históricos, uma das quais (Capelinhos, na ilha do Faial) por meados do século xx (1957/58).

O clima de todo o território continental apresenta caraterísticas mediterrâneas. No entanto, é no sul, pela latitude menor e pelas mais baixas altitudes, que ele se encontra melhor definido. No norte e no centro, o clima é claramente mediterrâneo no verão, mas, no inverno, é, por vezes, mais chuvoso ou mais frio do que nas regiões mediterrâneas, especialmente devido à altitude. Portugal tem, portanto, na maior parte do seu território, verões quentes e secos. Os invernos podem ser mais ou menos suaves e mais ou menos chuvosos consoante a localização. Esta variedade climática à volta das caraterísticas mediterrâneas leva a uma grande diversidade no respeitante à vegetação, que é tipicamente mediterrânea em toda a metade sul do território e apresenta diferentes graus de transição para temperada marítima cu temperada continental no norte e centro, particularmente em função das altitudes. No Alentejo, dominam árvores como sobreiros e azinheiras, enquanto nas terras altas, planálticas ou montanhosas, do interior norte, dominam os carvalhos e os castanheiros; as maiores manchas florestais, todavia, encontram-se por todo o litoral do norte e do centro de Portugal subindo as vertentes das montanhas e aí predominam os pinheiros e os eucaliptos. De um modo geral, existe uma grande diversidade de espécies vegetais na maior parte do país.

Nas ilhas adjacentes, salvo no caso das duas ilhas açorianas situadas mais a noroeste, ilhas de Flores e Corvo (Grupo Ocidental), com clima temperado marítimo, as características mediterrâneas estão ainda na base do clima, embora com variedades locais por vezes muito marcadas em termos de humidade e de chuva, e com temperaturas amenas ao longo de quase todo o ano. A vegetação é, em regra, muito abundante, podendo salientar-se em algumas ilhas a "laurissilva, que, na ilha da Madeira, foi mesmo declarada Património da Humanidade, pela UNESCO. A única exceção encontra-se na ilha do Porto Santo, a menos húmida de todas as ilhas, onde a vegetação é escassa.

Em ligação com o clima, os rios portugueses têm, igualmente, uma época de seca e uma época de águas altas, por vezes com cheias, que, em certos anos, se revelam catastróficas. São particularmente referidas as cheias do Douro, do Tejo e do Guadiana, rios peninsulares de grande extensão, que, nascidos em Espanha, desaguam em Portugal. Nascendo na Serra da Estrela, o Rio Mondego, apenas com 227 km, é o maior rio inteiramente português e também se tornou conhecido pelas suas importantes cheias invernais ou primaveris.

Portugal é um país independente desde o século XII. Separou-se do Reino de León, ainda Espanha não existia. A sua população tinha uma base local desde o Paleolítico, mas era resultante de uma profunda mistura de povos que invadiram a Península Ibérica. Os celtas terão chegado em grande número no séc. VI antes de Cristo e deixaram algumas tradições, hoje muito esbatidas, no norte interior. Muito mais tarde, uma vez ultra-passada a oposição feroz dos guerreiros locais, que se conheciam pelo nome de lusitanos, os romanos instalaram-se durante cinco séculos no território que é hoje Portugal. Quase todas as principais cidades portu-guesas tiveram origem em cidades romanas. A língua portuguesa é uma das línguas latinas da Europa. Os invasores germânicos (suevos, visigodos, alanos, vândalos), chegados por meados do século V, dominaram os romanos e marcaram presença durante dois a três séculos, misturando-se com o povo existente, ganhando a sua língua e religião. Posteriormente, os muçulmanos estiveram também no território, mas muito mais no sul, cinco séculos, do que no norte ou no centro, onde não passaram mais do que três ou quatro. Um certo fatalismo que caracteriza a maneira de ser dos portugueses tem sido atribuído a influências muçulmanas.

É no contexto da Reconquista cristã que se desenha a atual fronteira portuguesa.

Pela longa romanização e pela posterior presença muçulmana, Portugal é um país que, em termos de alimentação, está profundamente ligado à chamada trilogia mediterrânea – pão, vinho e azeite. Por todo o lado se come pão, embora nem sempre de trigo; o trigo é produzido princi-palmente na metade sul do país. Por todo o lado se bebe vinho e utiliza o azeite, embora nas terras mais altas eles não se possam produzir. Mas, no norte de Portugal, o milho grosso, chegado da América nos finais do século XV, veio a tornar-se uma espécie cultivada de grande importância para a alimentação, permitindo fazer um pão muito apreciado nos meios rurais – a "broa"; no norte interior foi o centeio que serviu para fazer pão. O vinho evoluiu de tal forma que se pode encontrar em quase todo o país, embora com caraterísticas variadas. Os dois mais famosos vinhos de Portugal encontram-se no norte. O chamado "vinho verde", em geral pouco alcoólico, é produzido um pouco por todo o noroeste, em áreas mais chuvosas. No norte interior, mais concretamente, nos vales do Rio Douro e de alguns dos seus afluentes, produz-se um vinho generoso de elevado teor alcoólico, que, por ser comercializado a partir da cidade do Porto, ficou mundialmente conhecido pelo nome de "vinho do Porto". Também na ilha da Madeira, um vinho generoso é comercializado para todo o mundo com o nome de "vinho da Madeira" ou apenas "vinho Madeira". Em todo o país predomina o vinho chamado maduro, tinto ou branco, só excecionalmente se produzindo vinho "rosé". A força da civilização do Mediterrâneo leva a que se produza vinho em condições às vezes precárias, pelos frios de inverno, nas montanhas, ou pela humidade excessiva, nas ilhas, mas, onde o clima é mais favorável, podem encontrar-se vinhos de grande qualidade.

Para além das produções referidas, a agricultura portuguesa fornece também um cereal importante para a alimentação, o arroz, que é produzido nas planícies aluviais inundáveis do centro litoral e do sul, bem como a batata, produzida, principalmente, no centro e no norte. Na ilha da Madeira, aproveitando o calor de verão na base da fachada Sul e a água transportada por pequenos canais ("levadas"), a produção de bananas tem sido, igualmente, muito importante. Um pouco por todo o país, há produtos hortícolas e frutas variadas, tal como criação de aves e de gado suíno, ovino e bovino; mais rara é a criação de gado cavalar, mesmo assim merecendo referência a do internacionalmente conhecido "cavalo lusitano". Nos Açores, aproveitando pastagens naturais, predomina a criação de vacas, não só para obtenção de carne, mas também para produção de laticínios; aliás, no conjunto do território nacional produzem-se muitas variedades de queijos, artesanais e industriais, sendo particularmente apreciado o "Queijo da Serra", elaborado a partir do leite de ovelha na área da Serra da Estrela. No entanto, a agricultura não cobre todas as necessidades alimentares, obrigando Portugal a importar alimentos de vários países.

Não sendo um país muito industrializado, há, todavia, uma grande variedade de actividades industriais em momentos diferentes de desenvolvimento.

Uma das mais importantes atividades industriais do país é a extração da cortiça, que origina o aparecimento de fábricas de rolhas e de outros produtos, não só no sul, onde se encontram os sobreiros, mas também no norte, na proximidade das citadas áreas produtoras de vinho. A extração da resina dos pinheiros, embora menos importante, não deixa de se fazer, em especial, em áreas do centro do país animando alguma indústria química.

Mais tradicional e compreensível num país com 848 Km de costa, a pesca encontra-se de norte a sul, com exemplos desde o mais puro artesanato até à mais avançada indústria. Há pesca costeira, em pequenos barcos de madeira, a remos e com motor fora de bordo, como há pesca de alto mar em traineiras e pesca longínqua em arrastões modernos. Em perda de ano para ano, a pesca do bacalhau nos mares do Atlântico Norte foi durante séculos uma atividade importante, que movimentou milhares de pescadores e criou nos portugueses o gosto por essa espécie. Reduzida a frota a mínimos impensáveis há vinte anos atrás, ainda seguem todos os anos para os mares da Terra Nova alguns barcos portugueses. De norte para sul, são muitos os portos de pesca; os principais encontram-se em cidades como Viana do Castelo, Póvoa de Varzim, Matosinhos, Aveiro, Figueira da Foz, Nazaré, Peniche, Lisboa, Setúbal, Sines, Lagos, Portimão, Olhão e Vila Real de Santo António. Também nos Açores e na Madeira há importantes centros piscatórios. A sardinha, o carapau e a cavala são as espécies mais abundantes ao longo da costa, mas o espadarte na região de Setúbal, o atum no Algarve e o peixe-espada preto na Madeira tornaram-se autênticos *ex-libris* locais. Nos últimos anos, a aquacultura instalou-se em vários pontos do país e começou a fornecer cada vez mais trutas e salmões, como também, mais recentemente, robalos, douradas, etc.

Outras atividades no âmbito das indústrias extrativas merecem referência. Ainda relacionada com o mar, pode referir-se a salicultura; Portugal sempre produziu sal a partir da água do mar e apesar da diminuição verificada nos últimos anos, podem-se ver salinas, por exemplo, na laguna de Aveiro. Outras atividades extrativas relacionam-se com o substrato rochoso, tais como as minas de volfrâmio (Panasqueira, no centro do país), ou as pedreiras de mármores (Estremoz, Borba e Vila Viçosa, no Alentejo). Embora com fraca produção ou mesmo encerradas por motivos económicos, há minas com boas reservas de cobre (também no Alentejo), tal como outras com ainda algumas reservas de carvão, de ferro, de urânio e de ouro, dispersas pelo território continental. Notável é a produção de águas minerais, conhecidas em todo o país, mas mais exploradas no norte e no centro. Igualmente notável começa a ser a produção de rochas ornamentais, em especial, de variedades de granitos, um pouco por toda a metade norte do país.

A indústria da construção naval foi sempre muito importante. Antigamente, construía-se em madeira; ao longo do século XX passou a utilizar-se, também, o aço e a construção naval atingiu grande desenvolvimento em estaleiros como os de Viana de Castelo, Aveiro, Figueira da Foz, Lisboa e Setúbal. Ainda sobrevive alguma dessa indústria, e não somente nestas cidades; no entanto, as crises têm sido muitas e o seu significado é atualmente pequeno.

Também a indústria pesada foi perdendo importância. Restam, todavia, fábricas de cimento, perto das rochas calcárias que as fornecem (por exemplo, em Souselas, Maceira, Alhandra, Outão e Loulé), fábricas de pasta de papel, com destaque para as de Cacia (Aveiro) e dos arredores sul da Figueira da Foz, bem como fábricas de produtos químicos diversos, como as que se localizam em Estarreja (Aveiro).

Muitas pequenas e médias indústrias existem em Portugal. Algumas ganharam fama internacional, seja na cerâmica e na porcelana, no vidro e no cristal, seja no calçado e no vestuário, seja nos têxteis ou nos laticínios, seja na montagem de automóveis ou na carroceria de autocarros, seja na produção de eletrodomésticos ou, mais recentemente, na informática, etc. No entanto, tal como no respeitante à agricultura, também no que respeita à produção industrial, há uma forte dependência do exterior.

Não produzindo petróleo, Portugal importa o "crude" que transforma em duas refinarias – uma no norte, a da Boa Nova (Matosinhos, Porto), na área de maior densidade de povoamento do país e de maior número de pequenas e médias indústrias, e a de Sines, no litoral do Alentejo, numa área de várias outras indústrias, algumas das quais subsidiárias. Grande parte da energia de que o país necessita provém, todavia, de numerosas barragens hidroelétricas, situadas principalmente no norte e no centro, nos principais rios. Com cinco barragens no troço fronteiriço e outras cinco no troço nacional, o Rio Douro é de todos os rios portugueses o melhor aproveitado neste aspeto. Também um pouco por todo o país, nos pontos altos, vão-se vendo cada vez mais aproveitamentos de energia eólica. Começa, igualmente, a ter importância o aproveitamento da energia solar.

Como foi referido atrás, as mais importantes cidades portuguesas tiveram origem na ocupação romana, há cerca de 2000 anos. A capital, Lisboa, era a Olissipo romana, a segunda maior cidade, o Porto, era a Portus romana. Coimbra foi Aeminium e ganhou o seu nome em função da transferência do bispo da Conimbriga romana, após a sua queda às mãos dos suevos. Braga foi a Bracara Augusta dos romanos, tal como Évora foi a Eborica, Beja a Pax Júlia, Chaves a Acqua Flaviis, Leiria a Colipo, etc. A grande via romana que ligava Olissipo a Bracara Augusta foi estruturante para a rede urbana portuguesa, passando por Coimbra e pelo Porto. Com algumas adaptações de percurso, ligando Lisboa ao Porto, permaneceu até aos dias de hoje, transformada em estrada real, primeiro, e estrada nacional, depois, sendo agora duplicada com autoestrada que, entretanto, foi aumentando e ligando-se a outras cidades do interior e do sul. O próprio caminho de ferro aproximou-se dessas grandes diretrizes, ligando também Lisboa ao Porto, com passagem por Coimbra e várias extensões tanto para o interior e o litoral, como para o norte e o sul.

Predominando a população no litoral a norte de Setúbal, as duas maiores cidades (Lisboa e Porto) desenvolveram-se graças aos portos flúvio-marítimos que nelas se instalaram desde tempos imemoriais, mesmo anteriormente à ocupação romana. Muitas outras cidades portuguesas têm localização semelhante; tratava-se do comércio por mar e da pesca que constituíam as suas principais funções. É o caso, de norte para sul, de Viana do Castelo, Aveiro, Figueira da Foz, Setúbal, Portimão e Faro.

O crescimento maior de Lisboa e do Porto deveu-se ao acrescento de outras funções como a administrativa, a militar e a religiosa, bem como, posteriormente, a industrial. Coimbra, durante muito tempo a terceira cidade do país, sem porto flúvio-marítimo, desde o século XIV, em virtude do progressivo assoreamento do Mondego, desenvolveu-se em função do cruzamento de vias de comunicação, ou seja, da estrada real cruzando com o rio, navegável em cerca de 60 Km até meados do século XX, mas principalmente com a fixação definitiva, em 1537, da velha Universidade, que havia sido fundada por D. Dinis, em 1 de Março de 1290, cuja sede vinha alternando entre Lisboa e Coimbra, e que foi a única Universidade do Estado até 1911. Viseu, na Beira Alta, e Évora, no Alentejo, situadas em regiões fracamente povoadas, desenvolveram-se como centros geográficos de regiões homogéneas, onde todas as estradas confluíam. Bragança, Pinhel, Guarda, Castelo Branco, Elvas, cidades próximas da fronteira desenvolveram-se em áreas deprimidas quanto à densidade populacional, graças a importantes funções militares que tiveram em momentos cruciais da história de Portugal.

A indústria instalou-se, antes de mais, nas maiores cidades. No entanto, alguns centros urbanos se formaram em função da indústria. À volta de Lisboa, desenvolveu-se uma cintura industrial importante, onde o Barreiro, a sul do Tejo, veio a ser o exemplo mais forte de cidade industrial, graças a indústrias químicas que, entretanto, cederam o seu lugar a outras. Imediatamente a norte do Porto, Matosinhos, beneficiando da criação de um porto de mar (Leixões), também se desenvolveu como cidade industrial, a partir de uma forte componente de indústrias de conservas de peixe. A sul do Porto, São João da Madeira é dada como exemplo de cidade industrial com base nas fábricas de calçado e de vestuário. No sopé oriental da Serra da Estrela, beneficiando da água como força motriz, a Covilhã formou-se baseada em indústrias de lanifícios. No litoral do Centro, a Marinha Grande, beneficiando da madeira proveniente do extenso Pinhal de Leiria e das areias dunares das proximidades, nasceu da revolução industrial no século XVIII, com a indústria do vidro.

E mais exemplos se poderiam apresentar de pequenas cidades industriais. Por outro lado, verdadeiras cidades dormitórios, com algum comércio e alguma indústria, vieram também a formar-se em torno das duas maiores cidades – o exemplo mais importante é a Amadora, a norte de Lisboa, hoje já a terceira cidade portuguesa em número de habitantes.

Portugal, todavia, como país de clima mediterrâneo, não poderia deixar de ter no turismo de sol e mar uma boa base de desenvolvimento. Em termos regionais, a costa do Estoril e a ilha da Madeira são famosas desde há muito, enquanto o Algarve, no sul, se tornou famoso desde meados do século xx. Pontualmente, algumas cidades vieram mesmo a transformar-se em função do turismo. Pequenos portos piscatórios transformaram-se em cidades turísticas, mantendo ou desenvolvendo a primeira das suas funções, como Póvoa de Varzim, Nazaré, Cascais, Sesimbra e Albufeira, ou quase terminando com ela, como Espinho.

Uma rápida apresentação da República Portuguesa exige, ainda, uma referência à emigração que, ao longo da História, levou cidadãos para todo o mundo. Fosse por espírito de aventura, fosse pela estagnação da sua agricultura perante o crescimento da população rural, fosse pela falta de empregos em momentos de crise económica e social, fosse por motivos políticos, os portugueses sempre emigraram. Por isso, encontramos milhares de portugueses e de "luso-descendentes" em França, na Alemanha e no Luxemburgo, mas também nos Estados Unidos e no Canadá. Muitos dos antepassados destes últimos partiram dos Açores, como partiram da Madeira muitos dos antepassados de portugueses e de "luso-descendentes" que residem na Venezuela e na África do Sul. No entanto, apesar de terem povoado as ilhas dos Açores e da Madeira, bem como, com recurso a africanos, as de Cabo Verde e de São Tomé e Príncipe, de terem colonizado a Guiné-Bissau, Angola, Moçambique e Timor Leste, de terem estado em Goa, Damão e Diu (antigo Estado da Índia) ou em Macau, e em tantos outros lugares do mundo, o grande destino dos emigrantes portugueses foi, desde o século XVI até meados do século XX, o Brasil. Descoberto em 1500 pelo navegador português Pedro Álvares Cabral, independente em 1822 pela mão de um príncipe português, depois Rei de Portugal, D. Pedro IV, o Brasil manteve-se até 1962 como primeiro destino da emigração portuguesa – não foi por acaso que a língua portuguesa se impôs a todas as então existentes ou para lá levadas por outros emigrantes. Na verdade, apesar de Portugal ter 10 milhões de habitantes, a língua portuguesa é falada por mais de 200 milhões de pessoas em todo o mundo, 170 milhões dos quais só no Brasil.

Democratizado pela Revolução do 25 de Abril de 1974, a chamada Revolução dos Cravos, após 48 anos de ditadura, Portugal deu, logo a seguir, a independência às ilhas de Cabo Verde e de São Tomé e Príncipe e às colónias africanas da Guiné-Bissau (que já a tinha declarado unilateralmente), de Angola e de Moçambique, onde se desenvolvia uma guerra de libertação desde o início dos anos 60. Em 1986, Portugal passou a integrar a União Europeia. Nos finais de 1999, restituiu a administração de Macau à República Popular da China. Sob o patrocínio das Nações Unidas, assinou com a Indonésia o acordo para o referendo que tinha em vista decidir a favor de uma autonomia especial ou da independência de Timor-Leste. Com cerca de 80% de votos favoráveis, a independência ganhou e veio a ser proclamada a 20 de Maio de 2002.

I PARTE

ESTUDOS DE BASE

A CARTOGRAFIA NA ESCOLA GEOGRÁFICA DE COIMBRA[3]

Já passaram mais de 25 anos desde que me referi, pela primeira vez, em público, à escola geográfica de Coimbra e à importância que ela teve para o conhecimento da Geografia de Portugal. Foi no Porto, em junho de 1985, no âmbito da Conferência Internacional *Os Portugueses e o Mundo* (F. REBELO (1987). Desde então, a escola desenvolveu-se muito e continua a desenvolver-se. Na impossibilidade de fazer um estudo histórico sobre as fases mais recentes deste desenvolvimento, antes de mais pela proximidade no tempo, mas também pelo envolvimento pessoal em diversas matérias que têm vindo a ser tratadas, optei por apresentar alguns aspetos da relação entre a escola geográfica de Coimbra e a cartografia. Para isso, fiz uma escolha de factos que se me afiguraram relevantes. Não se trata, de modo algum, da apresentação exaustiva de exemplos cartográficos e tenho de reconhecer que a escolha é claramente afectada por uma maior ligação à Geografia Física do que aos outros ramos da Geografia.

Qualquer estudo de Geografia é normalmente acompanhado por mapas, esboços ou simples "croquis". Haveria, portanto, muitos outros trabalhos a citar, seja dos geógrafos referidos, seja de outros não referidos, mas pertencentes à mesma escola, que também publicaram mapas nos seus trabalhos. Para todos a minha homenagem.

---

[3] Texto revisto e aumentado, com ilustração, a partir de REBELO, Fernando (2007/2008) – "A Escola Geográfica de Coimbra e a Cartografia". *Cadernos de Geografia*, 24/25, p. 163-169.

A cartografia em trabalhos de Amorim Girão

Aristides de Amorim Girão pertenceu ao primeiro curso de Ciências Históricas e Geográficas que se iniciou na Faculdade de Letras da Universidade de Coimbra, logo após a sua fundação, em 1911. Bacharel formado no ano lectivo de 1915-16 (F. REBELO, 1986), logo se lançou na elaboração do Doutoramento, que teve por base a apresentação e defesa de uma tese sobre as caraterísticas geográficas da bacia hidrográfica do rio Vouga (A. GIRÃO, 1922).

Em termos da cartografia que aí utiliza é de salientar o facto de ter então publicado a fotografia de um mapa em relevo da área onde se localiza a bacia do Vouga, fazendo questão de dizer na legenda que se trata da "fotografia do mapa em relevo elaborado por Amorim Girão no Instituto Geológico da UC, em 1917". O original pôde apreciar-se durante anos na Sala de Cartas e Relevos do edifício da Faculdade de Letras, podendo ver-se hoje numa sala com o mesmo nome, nas instalações do Departamento de Geografia, no edifício do Colégio de São Jerónimo (fig. 1). Trata-se de um mapa de grande qualidade para a época, que demonstra a importância atribuída à terceira dimensão já nos primórdios da escola geográfica de Coimbra e que mantém o seu interesse para acompanhamento de uma leitura cuidadosa daquela que foi a primeira tese de Doutoramento elaborada por um geógrafo em Portugal.

No trabalho, além de alguns mapas, incluiu também um esboço cartográfico que se tornou bastante conhecido pelas muitas vezes que veio a ser reproduzido desde essa época (fig. 2). Intitulou-o "reconstituição do antigo litoral, junto da foz do Vouga".

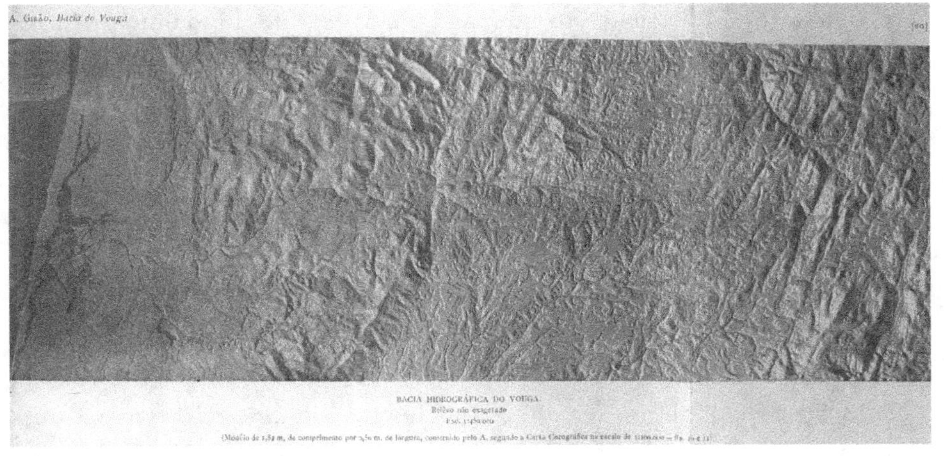

Fig. 1 – Mapa em relevo da bacia hidrográfica do Rio Vouga, elaborado por Amorim Girão no Instituto Geológico da Universidade de Coimbra, em 1917. Extraído de Amorim Girão (1922) – *Bacia do Vouga. Estudo Geográfico*. Coimbra, Imprensa da Universidade, p. 30.

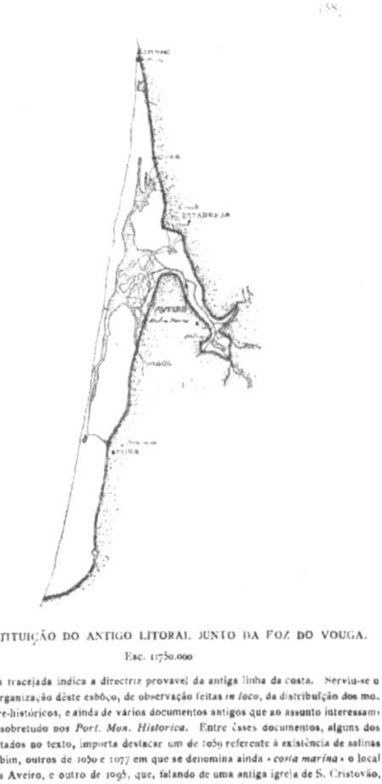

Fig. 2 – Reconstituição do antigo litoral junto da foz do Rio Vouga: Ria de Aveiro (séc. XI) e Laguna de Aveiro (séc. XX). Extraída de Amorim Girão (1922) – *Bacia do Vouga. Estudo Geográfico*. Coimbra, Imprensa da Universidade, p. 58.

No entanto, é bem mais do que isso – corresponde, igualmente, à reconstituição da ria de Aveiro no século XI, feita a partir de documentos e observações pessoais, bem como à representação da laguna tal como existia nos inícios do século XX.

Três anos depois do Doutoramento, Amorim Girão publicou um trabalho para concorrer à docência universitária – "Dissertação de concurso para Assistente da Faculdade de Letras da Universidade de Coimbra (V Grupo – Geografia)" – e fê-lo uma vez mais recair sobre um tema da sua região, a cidade de Viseu (A. GIRÃO, 1925). Aí, para cartografar a evolução da cidade, preferiu fazer vários mapas, optando por um desdobramento. A impossibilidade de utilizar cores, poderá ter tido alguma influência na decisão. Por isso, um esboço corresponde a "Viseu no tempo dos Romanos" (p. 34) e outro mostra a "Aglomeração urbana viseense no século XII" (p. 48). Mesmo assim, um outro já representa "Viseu desde o século XII até aos meados do século XIX" (p. 62), jogando apenas com o negro e o tracejado. Finalmente, de maiores dimensões, naturalmente, é o "Viseu na actualidade" (p. 74).

Perfeitamente integrado no ensino universitário da Geografia, Amorim Girão publicou, em 1930, a primeira versão do seu "Esboço de uma Carta Regional". Três anos depois, publicava uma segunda edição, "ilustrada com seis mapas, refundida, aumentada e incluindo a resposta às críticas feitas na imprensa", como dizia, expressamente, na capa (A. GIRÃO, 1933). O mapa extra texto com que termina o livro (fig. 3), funciona como síntese final e, utilizando já três cores (verde para altitudes até 50 m, castanho, em quatro gradações, para quatro classes de altitudes superiores, e vermelho para os limites regionais e os nomes das regiões), anuncia o seu interesse pela cartografia do país como, mais tarde, iria demonstrar à saciedade.

Esta demonstração aconteceu, por exemplo, nas duas obras marcantes que assinalaram o chamado "Ano dos Centenários" (1940) na escola geográfica de Coimbra, ambas assinadas por Amorim Girão, ambas avançando na representação cartográfica que o Autor já vinha desenvolvendo.

Destaca-se o *Atlas de Portugal*, editado pelo Instituto de Estudos Geográficos da Faculdade de Letras da Universidade de Coimbra. Pelo número de mapas publicados – "35 estampas", como dizia H. LAUTENSACH (1948) – cobrindo quase todas as áreas da Geografia, mas principalmente pela elevada qualidade científica e técnica de alguns deles, representou um ponto alto na história do Instituto. Enriquecido na sua segunda edição, em 1958, com 40 "estampas", o *Atlas de Portugal* ainda é muito apreciado. Para os geógrafos mais ligados à Geografia Física, o mapa intitulado "Pluviometria" é talvez o mapa que mais se destaca, aquele que mais vezes se utiliza e que, apesar de ter sido elaborado com base nos registos existentes, poucos em comparação com os que hoje estão disponíveis, é também o que mais parece resistir à passagem do tempo. As 13 classes de "altura em milímetros" escolhidas e as gradações de cores utilizadas revelam os contrastes de forma estudada, violenta, não deixando dúvidas quanto às motivações didáticas do Autor. Igualmente interessante é o mapa "Orografia e Batimetria", onde as 11 classes de altitude, criteriosamente escolhidas, mostram muito bem o relevo do país (A. GIRÃO, 1958). Os dois mapas serão reproduzidos mais adiante, na II Parte, como bases fundamentais para a compreensão das paisagens de Portugal.

Fig. 3 – Mapa extra texto final extraído de Aristides de Amorim Girão (1933) – *Esboço duma Carta Regional de Portugal*. Coimbra, Imprensa da Universidade, 224 p., 2ª edição, "ilustrada com seis mapas, refundida, aumentada e incluindo a resposta às críticas feitas na imprensa".

Com a primeira edição datada do mesmo ano, a *Geografia de Portugal* poderia ter correspondido ao texto que o Atlas exigia. Mas foi um trabalho claramente separado, talvez a apontar para um outro tipo de leitores. Teve uma segunda edição em 1949 e uma terceira em 1960. A ilustração é abundante, sendo muitos os mapas, os esboços cartográficos, os gráficos e as fotografias. Alguns dos mapas assemelham-se aos do Atlas, mas têm escalas mais pequenas. Na área da Geografia Física, o mapa da "distribuição da chuva" com as suas oito classes de "altura em milímetros" (A. GIRÃO, 1960, p. 188) fica muito aquém do seu equivalente no Atlas, o mesmo acontecendo à chamada "Carta hipsométrica e orográfica" (p.68).

Alfredo Fernandes Martins, aluno de Amorim Girão

Na sua tese de Licenciatura, intitulada *O Esforço do Homem na Bacia do Mondego* (1940), Alfredo Fernandes Martins mostrou claramente que tinha sido aluno de Amorim Girão e que dele tinha recebido fortes influências (F. REBELO, 2008). Aliás, a ele, tal como a Anselmo Ferraz de Carvalho e a José Custódio de Morais, seus Mestres na área da Geologia, manifestou, logo nas páginas prefaciais, "o mais rendido preito de homenagem e gratidão". No respeitante à cartografia, desenhou vários mapas ou simples esboços, mas aprofundou algumas técnicas que estavam a ser utilizadas no Instituto de Estudos Geográficos naqueles dois anos (1938 e 1939) em que, como explica Amorim Girão no "Prefácio" da primeira edição, foi realizado o *Atlas de Portugal*. A "carta das chuvas na Bacia do Mondego", feita à escala de 1:500000, a partir de poucos dados disponíveis, exigiu muito esforço de interpretação e merece destaque – com apenas três cores, castanho (classe de 500 a 750 mm anuais de média), verde (750-1000) e azul (quatro gradações para quatro classes acima de 1000), conseguiu dar uma boa ideia da importância da altitude para a explicação das maiores quantidades de precipitação na área de cabeceiras do Mondego, na Serra da Estrela, e na área indiretamente drenada pelo seu afluente Dão, na Serra do Caramulo (A. F. MARTINS, 1940, p. 62).

Nove anos depois, na tese de Doutoramento, Fernandes Martins revela-se já um pioneiro em Cartografia Geomorfológica (fig. 4). Na realidade, ao contrário do que acontecera antes, o trabalho era agora discreto no respeitante à ilustração cartográfica convencional na época, mas incluía uma "carta morfológica esquemática e provisória do Maciço Calcário Estremenho", que sintetizava muito do exposto no texto, oferecendo a morfografia e a morfogénese necessárias para compreender o essencial de um relevo calcário com retoque cársico. Não pode, todavia, deixar de referir-se um belíssimo mapa hipsométrico – "O Maciço Calcário Estremenho e os seus confins" – onde se sente ainda a influência de Amorim Girão, apesar da descida ao pormenor de uma escala de 1:250000 e do estabelecimento de 15 classes de altitude (A. F. MARTINS, 1949).

Pouco depois do Doutoramento, Fernandes Martins começou a produzir cartografia com muito interesse didático. Na linha de Amorim Girão, que por sua vez se integrara numa tradição do Museu e Laboratório Mineralógico e Geológico da Faculdade de Ciências da Universidade de Coimbra, por onde também veio a passar como aluno, Fernandes Martins construiu mapas em relevo. Por exemplo, no Instituto de Estudos Geográficos (Colégio de São Jerónimo), na Sala que hoje tem o seu nome, pode observar-se uma autêntica obra-prima, muito utilizada durante décadas para apoio de aulas principalmente de Geografia de Portugal. Ainda hoje desempenha essa tarefa de apoio nas mais diversas aulas ou Seminários. Trata-se do Mapa de Portugal que construiu com os alunos de Geografia Humana do ano letivo de 1950/51. No mesmo edifício, mas na Sala de Cartas e Relevos podem apreciar-se mais dois mapas em relevo, um da Ilha do Fogo e outro da Ilha de São Nicolau, do Arquipélago de Cabo Verde, ambos elaborados por si com os seus alunos de Geografia Colonial Portuguesa do ano letivo de 1951/52.

No entanto, Fernandes Martins não aparece integrado na equipa que, ainda nos anos 1950, se constituiu à volta de Amorim Girão para publicar uma edição crítica do mapa de Portugal de Fernando Álvares Seco (datado de Roma, 13 de Junho de 1560, mas apresentado como de 1561), "cópia do que Ortélio reproduziu no seu Atlas, edição de 1570" (A. FERREIRA et al., 1956 e 1957).

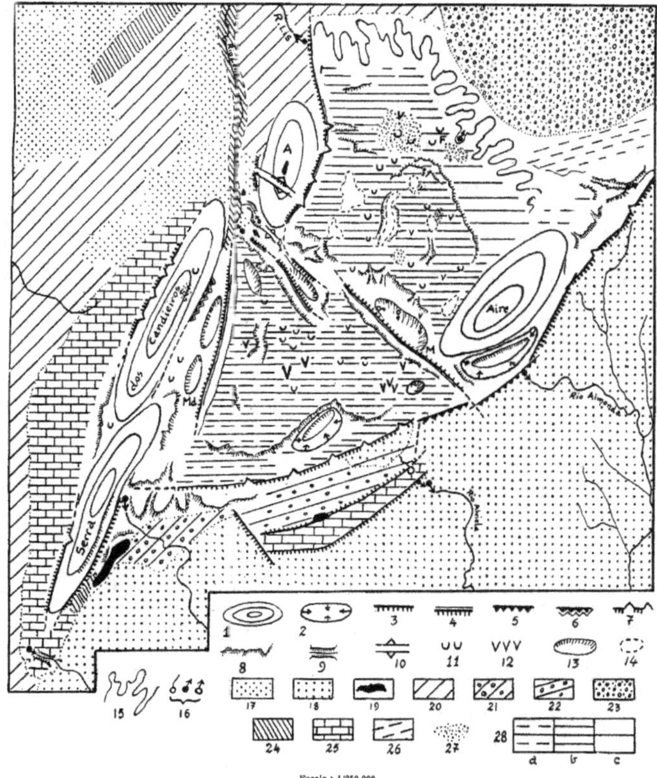

Fig. 4 – "Carta Morfológica" extraída de Alfredo Fernandes Martins
(1949) – *Maciço Calcário Estremenho. Contribuição para um
estudo de Geografia Física*. Coimbra, Ed. de Autor, 248 p.
Reimpressão: 1999.

Legado de Amorim Girão?

Amorim Girão faleceu em Abril de 1960. "Poucos meses depois, Pereira
de Oliveira foi convidado para preencher o vazio deixado pelo funda-

dor da escola coimbrã de Geografia" (F. REBELO, 2008, p. 78). Menos de cinco anos depois, foi este professor de Geografia Humana quem me alertou para o facto de ter sido publicado em França um interessante artigo de Roger Brunet sobre mapas de declives. Estudei-o imediatamente, adaptei o método da quadriculagem nele exposto a uma escala grande (1:25000) e, na minha tese de Licenciatura (F. REBELO, 1966/67), apresentei um mapa de declives bem original no contexto da cartografia portuguesa daquele tempo (fig. 5). Durante quase duas décadas elaboraram-se vários mapas deste tipo em Coimbra. Sem computadores que os fizessem, tornavam-se demorados de execução. Também não eram muito eficazes em termos de leitura para fins aplicados. Tinham de ser de leitura mais rápida para os eventuais utilizadores. Por isso, alguns anos depois da primeira experiência, propus que, após a elaboração, utilizando nove classes de declives, com grande importância em investigação teórica, eles pudessem reduzir-se apenas a três classes escolhidas de acordo com as exigências da aplicação. O desenho de isorritmas resolveu o problema e de um método de quadriculagem passou-se para um método de áreas homogéneas (F. REBELO, 1976). A outra hipótese de tornar mais rápida a leitura era fazer o mapa segundo a técnica mais habitual, a das áreas homogéneas, sem passar pelo método da quadriculagem. António Campar de Almeida fê-lo na sua tese de Mestrado para os declives da área de Anadia (A. C. ALMEIDA, 1988; F. REBELO e A. C. ALMEIDA, 1986).

Por outro lado, nos inícios dos anos 1970, Pereira de Oliveira trabalhava na sua tese de Doutoramento em Geografia Humana sobre a cidade do Porto e procurava ilustrar o trabalho da maneira mais eficaz. Com a colaboração preciosa do então desenhador do Instituto de Estudos Geográficos, Fernando Coroado, que já tinha trabalhado em mapas do *Atlas de Portugal* na perspetiva de Amorim Girão e seus colaboradores, conseguiu apresentar um volume de anexos com mapas de grande qualidade e fácil leitura. Cada leitor elegerá o mapa de que mais gosta. Pessoalmente, destacarei a Planta Temática II, "Evolução do Espaço Urbano", e a Planta parcial IX, relativa à "baixa" da cidade, ambas pela precisão com que foram utilizadas as cores, na primeira, salientando fases de crescimento da cidade, na segunda, salientando a importância relativa das funções urbanas aí encontradas (J. M. P. OLIVEIRA, 1973).

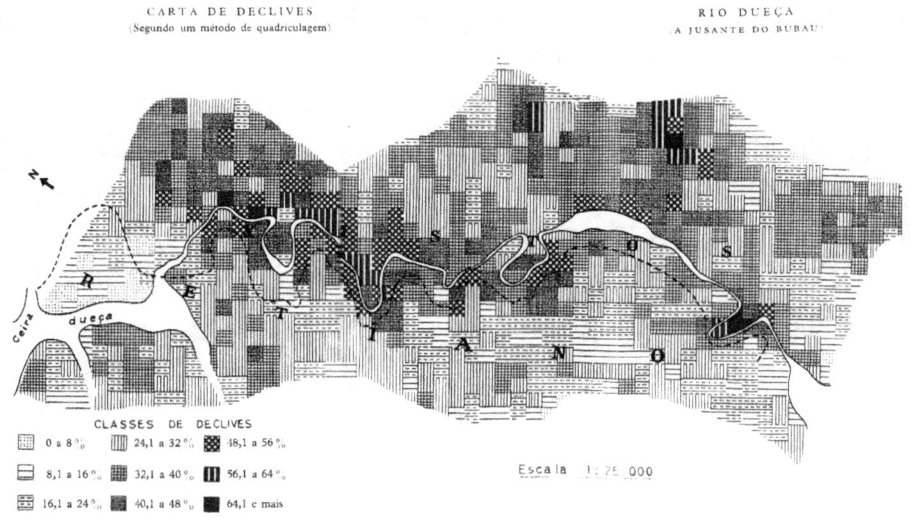

Fig. 5 – "Carta de declives", extraída de Fernando Rebelo (1966/67) – "Vertentes do Dueça". *Boletim do Centro de Estudos Geográficos*, Coimbra, 3 (22 e 23), p. 155-237. A indicação da escala mantém a deficiência habitual – indicação apenas da escala em que foi elaborada a carta, esquecendo que no futuro poderia haver necessidade de o reduzir para publicação...

Porque também se relacionou com a Geografia Humana e com trabalhos elaborados sob sugestão de Pereira de Oliveira, alguns dos quais com alunos em aulas práticas, merece ainda referência o mapa das isócronas dos transportes rodoviários de passageiros de Coimbra (F. REBELO, 1975 a). Reproduzido várias vezes em trabalhos de colegas, ainda recordado quase vinte anos depois (T. B. SALGUEIRO, 1992, p. 115), poderá dizer-se que, apesar de extremamente simples, este mapa foi uma representação cartográfica também com algum êxito (fig. 6).

Na área da Geografia Humana, poderiam encontrar-se diversos exemplos que colocariam a questão de estarem ainda, ou de já não estarem, na linha de um legado da cartografia de Amorim Girão, sempre aprofundando técnicas, descendo na escala de análise e apresentados a preto e branco ou com a utilização criteriosa da cor. Um dos exemplos mais recentes encontra-se na tese de Doutoramento de Norberto Santos, defendida em 1998 e publicada em 2001. Quando olhamos a maior parte dos seus numerosos mapas ou simples cartogramas, sejam eles a preto e branco ou a cores, somos levados a equacionar essa questão. Entre toda a abundante ilustração cartográfica que apresenta, vão, todavia, salientar-se dois mapas temáticos, a cores, que impressionam pela sua beleza, originalidade e eficácia – "O mosaico urbano de Coimbra. Espacialidade das funções urbanas predominantes" e "Organização do povoamento em Coimbra" (N. P. SANTOS, 2001, p. 298-299). Estes dois mapas, só por si, vêm demonstrar que o apoio cartográfico à ciência geográfica não parou no tempo e honram o referido legado.

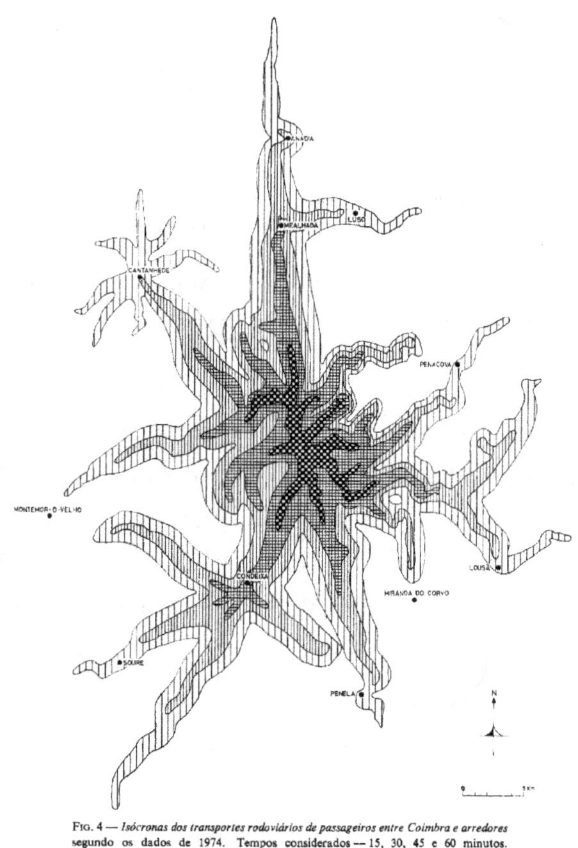

Fig. 4 — *Isócronas dos transportes rodoviários de passageiros entre Coimbra e arredores* segundo os dados de 1974. Tempos considerados — 15, 30, 45 e 60 minutos.

Fig. 6 – Mapa de isócronas, extraído de Fernando Rebelo (1975) – "O afluxo diário de trabalhadores a Coimbra e os transportes rodoviários de passageiros". *Biblos*, Coimbra, 51, p. 649-662. Ao contrário dos casos anteriores, a escala já é gráfica.

A cartografia geomorfológica em Coimbra

Apesar do pioneirismo de Fernandes Martins na sua tese de Doutoramento (1949), Coimbra não viu ainda uma verdadeira carta geomorfológica na sua segunda tese efectuada na área da Geografia Física (F. REBELO, 1975 b). Uma cartografia geomorfológica esquemática e desdobrada em diversos documentos representou alguma da morfografia e deixou pistas para a compreensão da morfogénese num espaço (área de Valongo, norte de Portugal) em que as cristas quartzíticas dominam o conjunto do relevo e os afloramentos de quartzitos tanto afetam o desenvolvimento da rede hidrográfica, como são por ela ignorados (fig. 7).

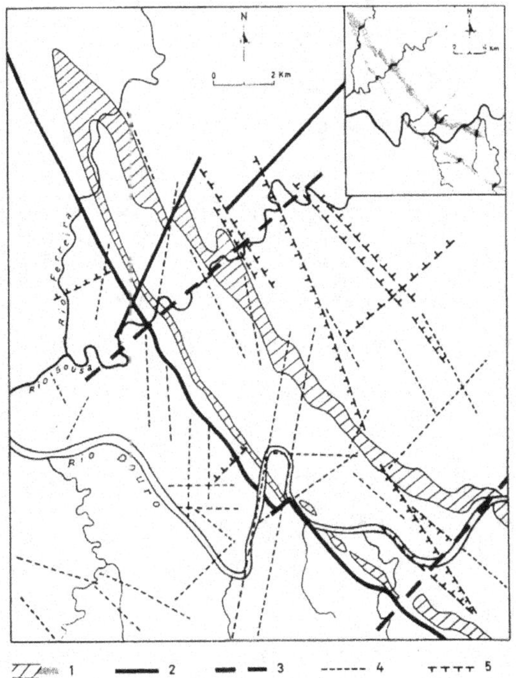

FIG. 40 — *A tectónica da área das cristas segundo as propostas da interpretação hidrográfica.* 1 — Afloramentos de quartzitos skidavianos; 2 — falhas devidamente assinaladas nas cartas geológicas; 3 — alinhamentos importantes deduzidos da orientação geral do Sousa e da orientação geral do Tâmega e de parte do Douro (Sebolido); 4 — principais fracturas identificadas através de fotografias aéreas; 5 — escarpas de falhas mais prováveis. Em cartela, no canto superior direito, indicam-se as passagens pelos quartzitos das diversas linhas de água referidas no texto.

Fig. 7 – A tectónica da área das cristas quartzíticas de Valongo, segundo as propostas da interpretação hidrográfica. Extraída de Fernando Rebelo (1975) – *Serras de Valongo. Estudo de Geomorfologia*. Coimbra, Suplementos de Biblos, 9, 194 p.

Ainda sob a orientação de Fernandes Martins, Lúcio Cunha elaborou um esboço geomorfológico para a área de Miranda do Corvo (L. CUNHA, 1981). O desaparecimento físico do Mestre (29 de dezembro de 1982) não impediu, porém que, alguns anos depois, também António Campar de Almeida incluísse um esboço geomorfológico na sua tese de Mestrado sobre a área de Anadia (A.C. ALMEIDA, 1988). Eram esboços simples, mas eficazes, a preto e branco. No entanto, uma experiência de representação a cores estava já nessa época a ser preparada. A Serra da Freita, onde António Rochette Cordeiro tinha estudado a evolução das vertentes, foi o laboratório de campo que serviu para testar a nova metodologia (A. M. R. CORDEIRO, 1988).

Os estudos sobre cartografia geomorfológica estavam, portanto, a aprofundar-se na escola geográfica de Coimbra e a tese de Doutoramento de Lúcio Cunha, em 1988, já apresentou um mapa geomorfológico, extra texto, a preto e branco, para as serras calcárias e áreas adjacentes de Condeixa, Sicó e Alvaiázere (L. CUNHA, 1990). Tratou-se então de um grande avanço no respeitante à representação da morfometria, da morfografia e da morfogénese, mas também com algumas indicações morfocronológicas. Os espaços em branco são reduzidos. Poucos anos depois (1995), estes avanços consolidavam-se com outro mapa do mesmo tipo elaborado por António Campar de Almeida, também na sua tese de Doutoramento. Tratava-se da Serra da Boa Viagem e áreas envolventes, e o mapa era igualmente a preto e branco, mas a uma escala mais pormenorizada e sem espaços em branco (A. C. ALMEIDA, 1997). Num e noutro caso, os Autores ainda optaram por utilizar a designação "esboço geomorfológico"

Alguns anos mais tarde, à margem de qualquer Doutoramento, acabou por surgir a primeira carta geomorfológica de pormenor, a cores, efetuada no Instituto de Estudos Geográficos. Tal como nos dois casos acabados de referir, não se tratava de um simples esboço. Tratava-se mesmo de uma carta geomorfológica de pormenor, a cores, em que estavam incluídas a morfometria, a morfografia, a morfogénese e a morfocronologia de uma área profundamente estudada por uma equipa de seis geógrafos no quadro de um Projecto de Investigação sobre a área do Rio Côa próxima de Vila

Nova de Foz Côa. Também, cautelosamente, ainda lhe chamámos "esboço morfológico", apesar de, no título do trabalho, adiantarmos a designação "carta geomorfológica" (A. M. R. CORDEIRO e F. REBELO, 1996).

Cartografia de riscos (ditos) naturais

A cartografia dos riscos começa a fazer-se na escola geográfica de Coimbra ainda nos anos 1980, numa perspetiva de localização das suas manifestações. Um primeiro trabalho referente aos incêndios do verão de 1975 e elaborado em 1976, mas publicado apenas em 1980, fazia já, de um modo simples, através de pontos, uma "distribuição espacial dos casos de incêndios florestais considerados" no distrito de Coimbra (F. REBELO, 1980; 2003).

A partir daí, efetuaram-se muitos estudos com representação cartográfica de manifestações de riscos de incêndios florestais ou, como também se diz, de ocorrências de incêndios florestais. Luciano Lourenço, em trabalhos individuais ou com colaboradores, desenvolveu diversos trabalhos nesta matéria. Merecem particular destaque os mapas a cores que apresentou no IV Colóquio Ibérico de Geografia realizado em Coimbra em 1986, tendo chamado muito a atenção o mapa que mostrava a sobreposição das áreas ardidas entre 1960 e 1985 nas serras de xisto do Centro de Portugal (L. LOURENÇO, 1986 a). No mesmo ano, Luciano Lourenço preparou uma outra comunicação em que a representação cartográfica era importante e da qual, dos quatro mapas publicados, destacamos o cartograma a preto e branco, desagregado a nível de concelhos, com a "percentagem das áreas ardidas relativamente às áreas florestais concelhias" entre 1975 e 1985 na circunscrição florestal de Coimbra, que mostra bem as diferenças entre eles no respeitante a incêndios consoante a proximidade do mar (L. LOURENÇO, 1986 b, 2004).

Nos dois casos estamos perante representações muito trabalhosas, feitas sem apoios informáticos, então ainda pouco utilizados. Alguns anos depois, esses apoios já eram possíveis, o que permitiu ir mais longe tanto na extensão da área de estudo a todo o território, como na sofisticação do tratamento dos dados. Foi o caso de um trabalho publicado na revista *Finisterra* do qual se salienta o mapa da "distribuição percentual das áreas ardidas anualmente em cada concelho de Portugal Continental, entre 1982 e 1992, em relação às respectivas superfícies concelhias" (L. LOURENÇO e P. MALTA, 1993; L. LOURENÇO, 2004). Entretanto, o advento dos sistemas de informação geográfica (SIG) e o seu progressivo desenvolvimento permitiram um avanço sensível na representação cartográfica das manifestações dos riscos de incêndios, como se pode comprovar, por exemplo, em mapas incluídos num dos mais recentes trabalhos da escola geográfica de Coimbra na temática dos incêndios florestais (A. NAVE e L. LOURENÇO, 2007), particularmente na "carta da reincidência das áreas ardidas entre 1975 e 2006".

No entanto, a verdadeira cartografia do risco é a que procura avisar para as situações de perigo de modo a que elas possam ser resolvidas sem que se passe a situações de crise, que, por definição, se encontram fora do controlo humano, ou, passando-se, que as suas consequências sejam reduzidas. Também no caso dos incêndios florestais se pensa assim e a escola geográfica de Coimbra teve momentos bem altos em 1997, quando se faziam e divulgavam pelas entidades ligadas à prevenção, ao combate e à investigação das causas dos incêndios, na véspera, os mapas com a tendência do risco para o dia seguinte; trabalhava-se, então, a nível concelhio, representando-se o risco em mapas de Portugal, onde cada concelho recebia uma tonalidade entre o branco e o negro correspondendo a uma escala de cinco graus estabelecida entre o reduzido e o máximo (L. LOURENÇO, A. B. GONÇALVES e J. LOUREIRO, 1997). Estávamos perante mapas de leitura muito simples, eficazes, de grande interesse aplicado, resultantes de numerosos estudos anteriores e de um grande esforço no dia em que eram elaborados.

Também na área dos riscos geomorfológicos se começou por localizar factos ocorridos, que correspondiam a pequenas situações de perigo. Mas quando se estudaram casos graves, manifestações de riscos, por vezes, mesmo, com a ocorrência de mortes, a representação cartográfica ganhou relevância. Estava já a trabalhar-se em ambientes SIG. A distribuição de numerosos casos de movimentos em vertentes do Douro, ocorridos nos finais do outono e inícios do inverno de 2000/2001, levou à sua relacionação com a litologia, com os declives e com a exposição em diversos mapas de leitura rápida (J. G. SANTOS, 2002). Mas levou também à pesquisa de uma representação ainda mais eficaz de relacionação com elementos explicativos. A representação a três dimensões, que a escola geográfica de Coimbra já utilizara antes, através dos mapas em relevo, regressou, agora de modo virtual, a uma escala de pormenor, com o aproveitamento das possibilidades oferecidas pelos sistemas de informação geográfica. José Gomes dos Santos apresentou um bom exemplo quando publicou uma fotografia do modelo digital de terreno "elaborado com base na altimetria original com escala 1/10000" (J. G. SANTOS, 2004, p. 37) em que localizava um movimento complexo de vertente ocorrido perto de Armamar, na noite de 2 de janeiro de 2003.

Como para quaisquer outros riscos, o interesse da aplicação da Geografia Física está na antecipação do que de danoso os processos que estuda podem acarretar para o Homem e tudo o que ele construiu. Por isso, interessa fazer cartografia do risco geomorfológico como probabilidade de ocorrência, independentemente da sua manifestação ter alguma vez ocorrido. Sob a orientação de Lúcio Cunha, José Gomes dos Santos, na sua tese de Mestrado, tinha já aflorado este tipo de representação (J. G. SANTOS, 1997), mas foi o período extremamente pluvioso dos fins do outono e início do inverno de 2000/2001 (N. GANHO, 2002) que inspirou os estudos aprofundados em ambiente SIG, jogando com litologia, declives e uso do solo, que culminaram na elaboração de cartografia de riscos geomorfológicos para a área a sul de Coimbra. Trata-se de três mapas de riscos de movimentos de massa em vertentes, com três classes de risco obtidas através de três metodologias diferentes – heurística-qualitativa, estatístico-quantitativa com ponderação quantitativa por regressão múltipla e estatístico-quantitativa com ponderação semi-quantitativa. Nos três mapas faz-se a validação das respetivas metodologias através da representação dos movimentos registados agrupados em quatro classes estabelecidas segundo a quantidade de material movimentado (L. CUNHA e L. DIMUCCIO, 2002).

Concluindo

Muito haveria ainda a dizer sobre as relações que se foram estabelecendo entre os geógrafos da escola de Coimbra e a cartografia. Ficam apenas alguns exemplos como registo, mas fica uma esperança muito forte de que novos estudos tragam novos exemplos, e que eles sejam cada vez mais inovadores, assim continuando uma tradição marcante, que deu a conhecer metodologias e resultados, frequentemente, apreciados por especialistas, tanto no país, como no estrangeiro.

Referências bibliográficas

ALMEIDA, António Campar de (1988) – "O Concelho de Anadia do Cértima ao rebordo montanhoso. Um contributo de Geografia Física para o Urbanismo". *Cadernos de Geografia*, Coimbra, 7, p. 3-85.

ALMEIDA, António Campar de (1997) – *Dunas de Quiaios, Gândara e Serra da Boa Viagem. Uma abordagem ecológica da paisagem.* Coimbra, FCG e JNICT, 321 p.

CORDEIRO, A. M. Rochette (1988) – "A evolução das vertentes da Serra da Freita no Quaternário recente". *Cadernos de Geografia*, Coimbra, 7, p. 87-133.

CORDEIRO, A.M. Rochette e REBELO, Fernando (1996) – "Carta geomorfológica do vale do Côa a jusante de Cidadelhe". *Cadernos de Geografia*, Coimbra, 15, p. 11-33.

CUNHA, Lúcio José Sobral da (1981) – "O Dueça a montante de Miranda do Corvo. Apresentação de alguns problemas morfológicos". *Revista da Universidade de Coimbra*, 29, p. 451-520.

CUNHA, Lúcio (1990) – *As Serras Calcárias de Condeixa-Sicó-Alvaiázere.* Coimbra, INIC, 329 p.

CUNHA, Lúcio e DIMUCCIO, Luca (2002) – "Considerações sobre riscos naturais num espaço de transição. Exercícios cartográficos numa área a sul de Coimbra". *Territorium*, Coimbra, 9, p. 37-51

FERREIRA, Alves; MORAIS, Custódio de; SILVEIRA, Joaquim da; GIRÃO, Amorim (1956 e 1957) – "O mais antigo mapa de Portugal (1561)". *Boletim do Centro de Estudos Geográficos*, Coimbra, 2 (12 e 13), p. 1-66, e 2 (14 e 15), p. 10-43.

GANHO, Nuno (2002) – "O 'paroxismo' pluviométrico de 2000/2001 em Coimbra. Umas notas a montante dos riscos naturais e da crise". *Territorium*, Coimbra, 9, p.6-11.

GIRÃO, Amorim (1922) – *Bacia do Vouga. Estudo Geográfico.* Coimbra, Imprensa da Universidade, 190 p.

GIRÃO, Amorim (1925) – *Viseu. Estudo de uma aglomeração urbana.* Coimbra, Coimbra Editora, 102 p.

GIRÃO, Aristides de Amorim (1933) – *Esboço duma Carta Regional de Portugal.* Coimbra, Imprensa da Universidade, 224 p., 2ª edição (1ª edição, 1930).

GIRÃO, Aristides de Amorim (1958) – *Atlas de Portugal.* Coimbra, Instituto de Estudos Geográficos, 2ª edição (1ª edição, 1940).

GIRÃO, A. de Amorim (1960) – *Geografia de Portugal*. Porto, Portucalense Editora, 3ª edição, acrescida do estudo das Ilhas Adjacentes, 510 p. (1ª edição, 1940; 2ª edição,1949).

LAUTENSACH, Hermann (1948) – *Bibliografia Geográfica de Portugal*. Lisboa, CEG, 256 p.

LOURENÇO, Luciano (1986 a) – "Consequências geográficas dos incêndios florestais nas serras de xisto do Centro de Portugal. Primeira abordagem". *Actas*. IV Colóquio Ibérico de Geografia, Coimbra 1986, p. 943-957.

LOURENÇO, Luciano (1986 b) - "Incêndios florestais entre Mondego e Zêzere no período de 1975 a 1985. *Comunicações*. I Congresso Florestal Nacional. FCG, Lisboa, 1986, p. 152-155.

LOURENÇO, Luciano (2004) – *Risco dendrocaustológico em mapas*. Coimbra, FLUC, NICIF, 201 p.

LOURENÇO, Luciano e MALTA, Paula (1993) – "Incêndios florestais em Portugal continental na década de 80 e anos seguintes". *Finisterra*, Lisboa, 28, p. 261-277.

LOURENÇO, Luciano, GONÇALVES, A. Bento e LOUREIRO, João (1997) –"Sistema de informação de risco de incêndio florestal". *ENB, Revista Técnica e Formativa da Escola Nacional de Bombeiros*, 3-4, p. 16-25.

MARTINS, Alfredo Fernandes (1940) – *O Esforço do Homem na Bacia do Mondego*. Coimbra, ed. Autor, 299 p.

MARTINS, Alfredo Fernandes (1949) – *Maciço Calcário Estremenho. Contribuição para um estudo de Geografia Física*, Coimbra, ed. Autor, 248 p. Reimpressão: Coimbra, IEG, 1999.

NAVE, Adriano e LOURENÇO, Luciano (2007) – "Grandes incêndios florestais registados na área situada entre as superfícies culminantes das serras do Açor e da Estrela". *Riscos Ambientais e Formação de Professores*. Coimbra, NICIF, FLUC, p. 95-121.

OLIVEIRA, J. M. Pereira de (1973) – *O Espaço Urbano do Porto. Condições Naturais e Desenvolvimento*. Coimbra, IAC, CEG, 471 p. + 1 volume de Anexos.

REBELO, F. M. da Silva (1966-67) – "Vertentes do Rio Dueça". *Boletim do Centro de Estudos Geográficos*, Coimbra, 3 (22 e 23), p. 155-237.

REBELO, Fernando (1975 a) – "O afluxo diário de trabalhadores a Coimbra e os transportes rodoviários de passageiros". *Biblos*, Coimbra, 51, p. 649-662.

REBELO, Fernando (1975 b) – *Serras de Valongo. Estudo de Geomorfologia*. Coimbra, Faculdade de Letras, Suplementos de Biblos, 9, 194 p.

REBELO, Fernando (1976) – "Mapas de declives. Análise de alguns exemplos portugueses". *Finisterra*, Lisboa, 11 (22), p. 267-283.

REBELO, Fernando (1980) – "Condições de tempo favoráveis à ocorrência de incêndios florestais. Análise de dados referentes a Julho e Agosto de 1975 na área de Coimbra". *Biblos*, Coimbra, 56, p. 653-673.

REBELO, Fernando (1986) – "Reflexões sobre o ensino universitário da Geografia em Portugal". *Cadernos de Geografia*, Coimbra, 5, p.3-13.

REBELO, Fernando (1987) – "Importância da escola geográfica de Coimbra para o conhecimento oro-hidrográfico de Portugal". *Cadernos de Geografia*, Coimbra, 6, p. 130-152. Também *in: Os Portugueses e o Mundo, Conferência Internacional*, IV Volume, *Ciências*, Porto, 1988, p. 17-20.

REBELO, Fernando (2003) – *Riscos Naturais e Acção Antrópica. Estudos e Reflexões*. Coimbra, Imprensa da Universidade, 2ª edição revista e aumentada, 286 p. (1ª edição, 2001, 274 p.)

REBELO, Fernando (2008) – *A Geografia Física de Portugal na vida e obra de quatro professores universitários – Amorim Girão, Orlando Ribeiro, Fernandes Martins, Pereira de Oliveira*. Coimbra, MinervaCoimbra, 109 p.

REBELO, Fernando e ALMEIDA, A. Campar (1986) – "Quadriculagem ou áreas homogéneas na elaboração de mapas de declives – duas metodologias em confronto". *Actas*. IV Colóquio Ibérico de Geografia, Coimbra 1986, p. 867-873

SALGUEIRO, Teresa Barata (1992) – *A Cidade em Portugal. Uma Geografia Urbana*. Porto, Edições Afrontamento, 2ª edição, 439 p.

SANTOS, José Gomes dos (1997) – "Instabilidade de vertentes e riscos de movimentos de terreno. O exemplo da área Vila Seca - Lamas (a Sul de Coimbra)". *Territorium*, Coimbra, 4, p. 79-98.

SANTOS, José Gomes dos (2002) – "Movimentos de vertente na área de Peso da Régua: análise e avaliação multicritério para o zonamento de hazards em ambiente SIG". *Territorium*, Coimbra, 9, p.53-73.

SANTOS, José Gomes dos (2004) – " Movimentos de vertente, análise de risco e ordenamento do território: o exemplo recente do fluxo deslizante de Armamar". *Territorium*, Coimbra, 11, p. 21-44.

SANTOS, Norberto Pinto dos (2001) – *A sociedade de consumo e os espaços vividos pelas famílias*. Lisboa, Edições Colibri e Centro de Estudos Geográficos de Coimbra, 565 p. + anexo.

COIMBRA E O MONDEGO[4]

Primórdios

A origem e grande parte do desenvolvimento da cidade de Coimbra só se compreendem através da presença do Rio Mondego (F. REBELO, 2002).

No entanto, o Mondego, tal como o conhecemos, resultou de uma longa e complexa evolução em termos de geologia, geomorfologia, climatologia e hidrologia. A geologia poderá explicar como e quando se levantaram os blocos montanhosos que delimitam a bacia do Mondego, tal como a geomorfologia explicará como se formaram as montanhas, os planaltos e os vales relacionados com a sua rede hidrográfica. Por sua vez, a climatologia poderá explicar a sucessão dos tipos de tempo que comandam a formação dos seus caudais, enquanto a hidrologia explicará as variações desses mesmos caudais.

Podemos recuar a tempos cenozóicos não muito recuados, por exemplo, a uns 10 a 20 milhões de anos atrás, e imaginar vários rios percorrendo as áreas por onde corre o Mondego. Sobre uma base cartográfica atual, S. DAVEAU (1988, p. 298) reconstituiu antigas direções de drenagem.

Naqueles tempos, o Mondego ainda não existia.

O que é hoje o seu troço inicial, na Serra da Estrela, poderia ser parte do troço inicial de um rio que se dirigisse para o interior da Península. O que é hoje a secção superior do seu vale no planalto da Beira Alta,

---

[4] Texto revisto e aumentado, com ilustração, a partir de REBELO, Fernando (2012) – "Rio Mondego e Coimbra – uma longa e ambivalente ligação". *Revista Portuguesa de História,* 43. p. 149-158.

segundo a reconstituição de Suzanne Daveau, seria certamente um rio que, primeiro, se dirigiria quase em linha reta até ao Atlântico, passando a Norte do Buçaco, mas que depois viria a passar pela bacia da Lousã onde se juntaria com outros rios, seguindo pelo que é hoje parte do vale do Ceira até à área onde veio a nascer a cidade de Coimbra. Só mais tarde, um pequeno rio, que nasceria nas serras do Maciço Marginal, terá acabado por capturar o grande rio que passava a oriente das cristas quartzíticas de Buçaco-Penacova, ajudando a criar o Mondego nosso contemporâneo.

Quando se terão verificado as capturas que conduziram ao curso do Mondego atual? Ocorreram todas nos tempos cenozóicos, que designávamos como Terciário, desde há 65 até há 1,8 milhões de anos (J. PAIS, 2003)? Muitas sim, certamente, mas algumas, só depois, já no Quaternário.

Será talvez mais fácil, todavia, saber quando mudou o clima desta região, deixando de ser tropical para ser temperado. Na realidade, os materiais grosseiros de há cerca de 2 milhões de anos, considerados vilafranquianos, tantas vezes chamados depósitos do tipo "raña" (O. RIBEIRO, 1949), poderão corresponder a um período de tempo muito árido, de transição entre os tipos de climas tropicais e os tipos de climas temperados. Foi por cima desses depósitos que, à volta da Cordilheira Central, se organizaram as redes hidrográficas de hoje, embora, em tempos pré-históricos, fossem, pelo menos parcialmente, ainda bem diversas do que são hoje, como se prova com os terraços fluviais existentes. Sucediam-se períodos glaciares e períodos interglaciares, os caudais do Mondego e dos seus afluentes variavam e os seus vales aprofundavam-se mais depressa ou mais devagar, consoante a posição do nível do mar e as caraterísticas climáticas da época.

Formação de rias

O último período frio do Quaternário, o Würm, foi particularmente sentido na Serra da Estrela. Formou-se um glaciar de planalto que chegou a emitir sete línguas (S. DAVEAU, 1971), embora nenhuma delas se tivesse relacionado com o Mondego. O máximo da glaciação würmiana terá sido entre há 18 e 20000 anos BP ("before present") e o nível médio das águas do mar terá então recuado para valores que, na Europa ocidental, se supõe terem sido de 100 metros abaixo do nível atual (J. J. LOWE e M. J. C. WALKER, 1984; J. CHALINE, 1985; S. DAVEAU, 2004).

Nos seus troços terminais, os rios encaixaram-se em função daquele nível de base. Em território hoje português, o Mondego foi apenas um deles – desde a sua saída do Maciço Marginal de Coimbra (onde hoje se encontram as pontes da Portela) até à foz, em relação ao nível atual, o encaixe era impressionante, tal como foi sendo comprovado ao longo do séc. XX através de sondagens (cerca de 20 metros na área da cidade, 40 na Adémia, 70 em Montemor-o-Velho e 100 na Figueira da Foz).

O aquecimento climático que terminou com a glaciação do Würm há uns 10-11000 anos BP, quando acompanhado de épocas húmidas, deu-lhe os caudais que permitiram à maior parte do seu vale ir-se aproximando das caraterísticas atuais, mas também esteve na origem da ria em que se transformou o seu tramo final. O nível do Atlântico subiu, pelo que, entrando as suas águas por vales glaciares e por vales fluviais, formaram-se litorais de fiordes (Noruega, Escócia, Irlanda, por exemplo) e rias (França, Espanha, Portugal, por exemplo). A subida terá sido "rápida" até há 8000 anos BP, tendo o nível do mar no norte da França, por essa época, subido dos -120 aos -20 metros. Foi a chamada transgressão flandriana, que poderá ter atingido o seu máximo há 7000 anos BP. Depois, admite-se a existência de avanços e recuos até há 2000 anos BP (J. J. LOWE e M. J. C. WALKER, 1984; J. CHALINE, 1985). Podemos, portanto, aceitar um litoral de rias em Portugal, ou seja, conforme a definição de Friederich von Richtoffen, um litoral onde a água do mar entrava pelos antigos vales fluviais. Entre elas, conhece-se bem a ria de Aveiro e a sua evolução (A. GIRÃO, 1922; F. REBELO, 2007). Sendo o rio Mondego mais importante do que o Vouga, é natural que a ria do Mondego tenha banhado a área onde se instalou a cidade de Aeminium.

Esta cidade romana, que veio a estar na base de Coimbra (J. ALARCÃO, 2008), começou por aproveitar um espaço no cimo da colina geminada sobranceira ao rio (ou talvez mesmo à ria), no local onde existira uma povoação anterior, nas proximidades da área onde seria mais fácil a sua travessia durante grande parte do ano. Para montante do que é hoje a Portela, no bloco xistoso levantado do Maciço Marginal, o vale, demasiado estreito, dificultava a travessia, muito em especial no inverno; para jusante, a ria, como mais tarde o rio com a sua planície aluvial, também criavam dificuldades (F. REBELO, 1985). Entretanto, a cidade foi descendo a colina para oeste até ao que seria um terraço ante-würmiano debruçado sobre o Mondego que, por ali, teria a sua foz na ria.

Entre aproximadamente 300 anos antes de Cristo e 400 depois de Cristo pode falar-se de reaquecimento climático na Europa (J. CHALINE, 1985). Talvez tenha sido, em grande parte, por causa disso que o Império Romano se estendeu tanto para norte, só construindo uma muralha (a Muralha de Adriano) já perto da Escócia. Depois, não foram só os ataques dos guerreiros ditos bárbaros que fizeram cair o Império. O arrefecimento foi-se instalando, os glaciares avançaram nas montanhas europeias, enquanto os rios passaram a apresentar caudais muito reduzidos durante o inverno. Em Portugal, nunca mais regressaram os glaciares, mas o arrefecimento certamente também se fez sentir. O mar poderá ter recuado um pouco e, no caso do Mondego, a ria deverá ter começado a ser entulhada progressiva e discretamente por materiais transportados pelo Mondego e outros rios locais, hoje seus afluentes.

A partir de 750 e até ao séc. XI, os tempos voltaram a ser quentes. Supõe-se que tenham sido ainda mais quentes do que os do Império Romano. Na verdade, os glaciares desapareceram da Gronelândia. Os *Vikings* estabeleceram-se lá e, como não havia *icebergs* tornou-se possível viajar até à América do Norte, então descoberta por Leif Ericson, filho de Eric *o Vermelho* (J. CHALINE, 1985). Quanto ao caso que nos ocupa, não é provável que uma subida do nível do mar tenha feito muito mais do que acumular areia num hipotético "cabedelo" da hipotética foz do Mondego na sua ria.

Da ria do Mondego ao assoreamento fluvial

Assim seria ainda no séc. XI, quando, uns 50 km a norte, como mostrou A. GIRÃO (1922), a ria de Aveiro existia em verdadeira plenitude.

O seu mapa de reconstituição da ria de Aveiro no séc. XI autoriza-nos a pensar numa situação paralela para a ria do Mondego na mesma época. Dificilmente se provará que a ria tenha chegado à área da Portela, embora tal hipótese não deixe de poder colocar-se. Mas quem hoje observe o que se passa na foz dos rios que desaguam em muitas rias do norte da Península Ibérica ou dos rios que desaguam em muitos fiordes da Noruega e da Irlanda, imagina bem o momento em que o Mondego desaguaria na área do Arnado, com uma espécie de "cabedelo". Parte das areias e dos níveis argilosos mais profundos aí existentes poderão ser disso a prova. Muito possivelmente, enquanto a ria chegou à área de Coimbra, os barcos de mar navegariam sem grandes problemas até aí e com facilidade aí atracariam[5]. No tempo de D. Afonso Henriques, no século XII, não parece que se colocassem problemas de inundações quando se construiu a Igreja de Santa Cruz, na margem direita do Mondego, fora das muralhas da cidade. A. F. MARTINS (1940, p. 86) sublinhou que "conforme as palavras de Frei Luiz de Sousa, na *História de S. Domingos*, quando se referia à fundação do convento (igualmente) na margem direita sob a invocação daquele santo, o Mondego corria *alcantilado e profundo* no século XIII". Também não se consegue compreender a fundação do Mosteiro de Santa Clara, sem pensar numa forma de vale assim[6].

---

[5] No foral de Penacova, de Dezembro de 1192, lê-se: "Até ao mês de Maio dêem a décima dos peixes de mar que trouxerem pelo Mondego.".

[6] Mas a situação mudaria muito depressa. Ver A. P. P. SANTOS (2000, vol. II, apêndice documental, pp. 239-241). A 3 de setembro de 1316, em Coimbra, a prioresa D. Inês Peres e o convento de Santa Ana de Coimbra fazem publicar uma carta dirigida a D. Estêvão, bispo de Lisboa e conservador dos privilégios da Ordem dos Frades Menores e Clarissas, não datada, necessariamente anterior àquela data e posterior a Outubro de 1312 (altura em que Frei Estêvão de Santarém se tornou Bispo de Lisboa), cujo sumário apresentado por Ana Paula Pratas Santos é o seguinte: "a prioresa D. Inês Peres e o convento de Santa Ana de Coimbra fazem publicar uma carta dirigida a D. Estêvão, bispo de Lisboa e conservador dos privilégios da Ordem dos Frades Menores e Clarissas, afirmando não ser sua intenção retirar a interposição que lhes lançaram pela postura que ele assumiu a favor dos frades menores e das clarissas de Coimbra, por causa da mudança da casa delas, e ainda lhe comunicam que renovam a sua apelação á Sé Apostólica." Entre outros motivos justificativos da sua mudança para o local que passara a ser dos frades menores, as freiras referem terem-no feito porque na casa em que se haviam recolhido correram "perigo de morte" por causa das "inundações", "naquele tempo em que cresceu o rio", acrescentando que o novo local por elas escolhido fora a "arca de Deus porque nesse tempo não poderiam habitar comodamente o local por elas inicialmente escolhido", e que era muito próximo àquele onde foi fundado Santa Clara. Ora, pelas datas de fundação e de refundação deste

Uma pequena idade do gelo, que se manifestou na Europa entre o século XII e o século XIV, não terá sido suficientemente longa para modificar o que, todavia, já estava em andamento – o entulhamento das rias.

O risco da ocorrência de cheias no Mondego começara a manifestar-se ainda no século XIII, mas o rio só se terá tornado perigoso, com grandes e frequentes cheias, provocando, por vezes, extensas inundações, devido ao entulhamento total da antiga ria, durante e depois do período quente dos sécs. XIV a XVI, não mais deixando de o ser.

Os caudais do Mondego foram certamente afetados pela alternância de períodos de aquecimento e de arrefecimento climático, mas as cheias sempre existiram dadas as caraterísticas torrenciais da sua bacia hidrográfica. Na realidade, para a explicação do funcionamento do Rio Mondego, mais importantes do que as mudanças climáticas de pormenor são as caraterísticas geomorfológicas da bacia hidrográfica, que, perante um clima mediterrâneo, melhor definido nos períodos mais quentes, o transformam numa grande torrente contra a qual o Homem lutava (fot. 2) ou apenas se adaptava (fot. 3). Muitas vezes, o Mondego teve cheias catastróficas. A elas se ficou a dever o progressivo aumento da espessura e da largura da planície aluvial, em construção desde a saída do vale apertado da travessia do Maciço Marginal, na área da foz do Ceira, até ao mar aberto, na proximidade do qual, entretanto, nascera a Figueira da Foz.

Perderam-se igrejas, casas, aldeias inteiras, na planície. Foi necessário abrir valas de drenagem e secar pântanos (M. H. C. COELHO, 1989). Em Coimbra, na margem esquerda, no séc. XVII, foi necessário construir um novo Mosteiro de Santa Clara (P. DIAS, 1988), no cimo da vertente, afastado das áreas inundáveis. Na margem direita, o acesso ao interior da Igreja de Santa Cruz fazia-se subindo quatro degraus de escada; na primeira metade do século XX, passou a ser necessário descer sete (A. F.MARTINS, 1940).

(1286, primeira pedra da primeira fundação e 1316, início das obras da rainha D. Isabel), nos finais do séc. XIII já eram bem conhecidos os problemas do local.

A cidade foi crescendo em diálogo com o Mondego, temendo as suas cheias, e aproveitando velhos espaços do antigo leito, como alguns terraços e, mais recentemente, o vale abandonado de um antigo meandro, o da Arregaça, além das vertentes e da própria planície aluvial.

Segundo A. F. MARTINS (1940), os caudais do Mondego, em Coimbra, no início do séc. xx, oscilariam entre 0 e 3000 m3 por segundo. Na grande cheia de 1948, terão ultrapassado os 4000 m3/s (4167 m3/s, na Ponte de Santa Clara), de acordo com os cálculos de J. A. S. MARQUES, P. A. MENDES e F. S. SANTOS (2005).

Porquê estas cheias e inundações? A bacia hidrográfica do Mondego estende-se pelo centro de Portugal numa área onde se encontra um clima muito mal compreendido, o clima temperado mediterrâneo. Tal como era definido há um século atrás pelo grande geógrafo francês E. MARTONNE (1909), é um clima em que as chuvas ocorrem principalmente na época fresca, verificando-se uma maior ou menor secura estival. No entanto, a variabilidade dos principais elementos climáticos, especialmente as temperaturas e as precipitações, no tempo e no espaço é um facto bem conhecido dos geógrafos, podendo haver grandes diferenças de um ano para outro, tal como entre lugares relativamente próximos. No caso concreto da bacia hidrográfica do Mondego, o clima mediterrâneo está bem definido nas terras baixas ao longo de todo o ano, mas, nas terras altas, apresenta-se bem definido apenas no verão; aí, as temperaturas descem muito no inverno e as chuvas são abundantes. Na Cordilheira Central, o efeito da altitude é notório no que respeita à precipitação – a Serra da Estrela regista uma média anual superior a 2500 mm, segundo A. GIRÃO (1941 e 1958), confirmada por S. DAVEAU (1977).

Fot. 2 – Coimbra e o Mondego, encanado, entre margens construídas em pedra, para limitar os problemas relacionados com as cheias. Foto: F. Rebelo, 1993.

Fot. 3 – Rua Sargento-Mor, Coimbra: o piso, sucessivamente levantado pela deposição de sedimentos, foi obrigando a reduzir a dimensão das portas das casas mais antigas. Foto: F. Rebelo, 1996.

A bacia hidrográfica do Mondego, que ocupa uma superfície de 6670 Km2, tem como rios principais, com resposta rápida às precipitações intensas, rios provenientes da Cordilheira Central, com caraterísticas torrenciais. É o caso do próprio Rio Mondego, cujas cabeceiras se localizam na Serra da Estrela, com o ponto mais alto a 1547 m de altitude. No total, o Mondego tem apenas 227 km de comprimento – no início da sua planície aluvial, junto a Coimbra, pouco mais tem do que 180. O seu afluente Alva apresenta as cabeceiras também na Serra da Estrela, mas a maior altitude (1651 m), e é menos extenso (115 km) – aproxima-se ainda mais da definição de uma torrente do Mediterrâneo. Como provou L. LOURENÇO (1989), o Alva apresenta "elevada torrencialidade", sendo que o seu "regime se poderá definir como muito contrastado do tipo pluvial mediterrâneo" (p. 145). No entanto, o Mondego recebe, também, rios regionalmente importantes como o Dão, que drena (indiretamente) a Serra do Caramulo, e o Ceira, proveniente das montanhas de xisto da Cordilheira Central (com origem a uma altitude de cerca de 1500 m) e que, depois de drenar a bacia da Lousã e atravessar o Maciço Marginal, recebe o Dueça, que, por sua vez, drena a extremidade ocidental da Cordilheira Central e parte das Serras Calcárias do Maciço de Sicó. O Ceira vem confluir com o Mondego a montante da cidade de Coimbra, assim contribuindo e, por vezes, de modo significativo, para as inundações na área urbana.

Construída nos anos 1970 e em funcionamento desde 1982, a barragem da Aguieira, situada cerca de 40 km a montante de Coimbra, controla os caudais do Mondego e do Dão. Pouco antes de chegar à sua foz no Mondego, a jusante da Aguieira, o Alva teve também os seus caudais controlados por uma barragem (Fronhas), entretanto construída. As caraterísticas torrenciais destes rios conduzem à subida rápida das suas águas em situações meteorológicas originadoras de precipitações intensas, especialmente quando ocorrem sobre solos já saturados por chuvas anteriores. Estas caraterísticas, associadas ao tipo de material rochoso de grande parte da bacia hidrográfica, com afloramentos de granitos, por vezes muito alterados, e mesmo de rochas gresosas, também acarretam a deposição de carga sólida a montante das barragens, o que de ano para ano vai reduzindo a capacidade de água retida. A necessidade de abertura das comportas das barragens a partir de certo momento e ainda o facto de os caudais do Ceira não estarem controlados foram factos decisivos na manifestação do risco de cheia e consequentes inundações na área de Coimbra (fot.4), no inverno de 2000/2001 (P. CUNHA, 2002).

A jusante da cidade de Coimbra, podem contribuir para as inundações dos campos do Mondego alguns pequenos afluentes – Ribeira de Ançã e Rio Foja, pela margem direita, tal como Ribeira de Cernache, Rio da Ega, Rio Arunca e Rio do Pranto, pela margem esquerda. No entanto, a maior parte das vezes, quase todos eles funcionam como digitações do Mondego, ficando as suas planícies inundadas pela entrada das águas do rio principal.

Com um clima mediterrâneo bem definido (Csa, aplicando a tabela classificativa de W. KOEPPEN, 1923) e com uma topografia acidentada, Coimbra foi crescendo, não só sobre a planície aluvial do Mondego, mas também sobre *bacias de recepção, canais de escoamento* e *cones de dejecção* de pequenas torrentes (F. REBELO, 2001) que sempre criaram problemas erosivos graves (desgaste, transporte e deposição) – o Mondego era o seu nível de base local. Mesmo no presente, alguns desses canais de escoamento continuam a funcionar na sequência de chuvas muito intensas (fig. 8 e fot.5).

Fot. 4 – Santa Clara-a-Velha, margem esquerda do Mondego, Coimbra (28 de janeiro de 2001). Foto Estúdio 2000.

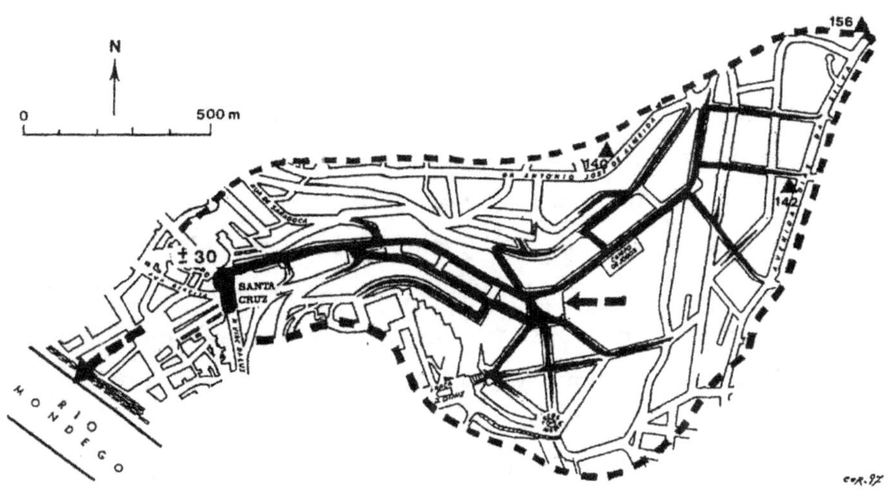

Fig. 8 – Figura extraída de Fernando Rebelo (2001) – *Riscos Naturais e Acção Antrópica*. Coimbra, Imprensa da Universidade, 1ª edição, 274 p. (p. 224).

Fot. 5 – Praça 8 de Maio, Coimbra (9 de junho de 2006) – água proveniente das ruas que seguem o traçado da antiga Ribela (fig. 8). Foto de Autor desconhecido.

Concluindo

Pelas condições de navegabilidade, tanto o Mondego, como a ria, onde o rio desaguava, provavelmente, ainda no período quente dos séculos VIII a XI, foram determinantes para a localização e para uma primeira fase do desenvolvimento de Coimbra. No entanto, a evolução hidrogeomorfológica da Bacia do Mondego, ao longo dos últimos séculos, gerando cheias potenciadoras de inundações, que além das águas traziam igualmente carga sólida a ruas e campos, veio criar problemas, não só à cidade, mas também a toda a região. De uma forma ou de outra, o Homem, de acordo com a tecnologia de que dispunha em cada momento histórico, foi tentando defender-se da fúria das suas cheias; não podendo vencê-las, muitas vezes teve de se afastar das áreas de risco, construindo edifícios em sítios mais ou menos afastados dos anteriores. Assim se ia alargando o espaço urbano. Na verdade, o tão procurado domínio do Mondego pelo Homem nunca foi além de uma vitória passageira. O inverno de 2000/2001, com as cheias e inundações que provocou, 19 anos depois da entrada em funcionamento da Barragem da Aguieira, pode bem considerar-se a prova que ainda faltava.

Agradecimento

Agradeço à minha colega da Faculdade de Letras da Universidade de Coimbra, Professora Doutora Maria Alegria Fernandes Marques, a leitura crítica deste trabalho e as correções e aperfeiçoamentos que teve a amabilidade de me sugerir.

Referências bibliográficas

ALARCÃO, Jorge de (2008) – *Coimbra. A montagem do cenário urbano*. Coimbra, Imprensa da Universidade, 308 p.

CHALINE, Jean (1985) – *Histoire de l'Homme et des Climats au Quaternaire*. Paris, Doin, 366 p.

COELHO, Maria Helena da Cruz (1989) – *O Baixo Mondego nos finais da Idade Média*, 2ª ed., Lisboa, INCM.

CUNHA, Pedro Proença (2002) – "Vulnerabilidade e risco resultante da ocupação de uma planície fluvial – o exemplo das cheias do rio Mondego (Portugal central), no Inverno de 2000/2001". *Territorium*, 9, p. 13-35.

DAVEAU, Suzanne (1971) – "La glaciation de la Serra da Estrela". Finisterra, 6 (11), p. 5-40.

DAVEAU, Suzanne (1988) – *Les Bassins de Lousã et d'Arganil*, vol.II, Lisboa, CEG., p. 233-450.

DAVEAU, Suzanne (2004) – "A Cordilheira Central". *O Relevo de Portugal. Grandes Unidades Regionais*. Coimbra, Associação Portuguesa de Geomorfólogos, p. 75-96.

DAVEAU, Suzanne (1977) – *Répartition et Rythme des Précipitations au Portugal*. Lisboa, CEG, 192 p.

DIAS, Pedro (1988) – *Coimbra. Arte e História*. Coimbra, FLUC, Instituto de História da Arte, 2ª edição, revista e aumentada.

GIRÃO, Amorim (1922) – *A Bacia do Vouga. Estudo geográfico*. Coimbra, Imprensa da Universidade, 190 p.

GIRÃO, Amorim (1941) – *Atlas de Portugal*. Coimbra, IEG. 2ª edição, revista e aumentada, 1958.

KOEPPEN, W. (1923) – *Die Klima der Erde*. Berlin, De Gruyter. Tradução castelhana: *Climatologia*, México, Fondo de Cultura.

LOURENÇO, Luciano (1989) – *O Rio Alva – Hidrogeologia, Geomorfologia, Climatologia, Hidrologia*. Coimbra, Instituto de Estudos Geográficos, Faculdade de Letras, 162 p.

LOWE, J. J. & WALKER, M. J. C. (1984) – *Reconstructing Quaternary Environments*. Harlow, Longman, 389 p.

MARQUES, J. A. Sá; MENDES, P. Amado; SANTOS, F. Seabra (2005) – "Cheias em áreas urbanas: a zona de intervenção do Programa Polis em Coimbra". *Territorium*, 12, p. 29-53.

MARTINS, Alfredo Fernandes (1940) – *O Esforço do Homem na Bacia do Mondego*. Coimbra, ed. Autor, 299 p.

MARTONNE, Emmanuel de (1909) – *Traité de Géographie Physique*. Tradução portuguesa das edições de 1948 (I tomo) e 1951 (II tomo): Lisboa, Cosmos, Panorama da Geografia, Vol. I, 1953, 954 p.

PAIS, João (2003) – *Quadro de divisões estratigráficas*. Lisboa, Universidade Nova.

REBELO, Fernando (1985) – "Nota sobre o conhecimento geomorfológico da área de Coimbra". *Memórias e Notícias*, Publ. Mus.Lab. Mineral. Geol. Univ. Coimbra, 100, p. 193-202.

REBELO, Fernando (2001) – *Riscos Naturais e Acção Antrópica*. Coimbra, Imprensa da Universidade, 274 p. (2ª edição, revista e aumentada, 2003).

REBELO, Fernando (2002) – "Condicionalismos físico-geográficos na origem e no desenvolvimento da cidade de Coimbra". *Coimbra, Estratégias para o Futuro*, Coimbra, Ordem dos Engenheiros, p. 35-40.

REBELO, Fernando (2007) – "O risco de sedimentação na laguna de Aveiro: leitura actual de um texto de Amorim Girão (1922)". *Territorium*, 14, p. 63-69.

RIBEIRO, Orlando (1949) – *Le Portugal Central*. Livret-guide de l'Excursion C, Congrès International de Géographie de Lisbonne, 1949, 180 p. Reimpressão, 1982.

SANTOS, Ana Paula Pratas (2000) – *A Fundação do Mosteiro de Santa Clara de Coimbra (da Instituição por D. Mor Dias à intervenção da Rainha Santa Isabel)*, dissertação de Mestrado em História da Idade Média apresentada à Faculdade de Letras da Universidade de Coimbra, Coimbra (versão policopiada).

OBSERVAÇÕES EM AMBIENTES GLACIARES E PERIGLACIARES ATUAIS COMO LIÇÃO PARA O ESTUDO DE HERANÇAS DO WÜRM EM PORTUGAL[7]

Observações em ambientes glaciares

Observações realizadas em glaciares em retração nos Alpes, na Escandinávia e nas Montanhas Rochosas Canadianas permitiram compreender melhor as formas dos vales, os depósitos que lhes estão associados e os pequenos lagos que se encontram em locais do nosso país afetados pela glaciação würmiana, particularmente na Serra da Estrela.

Na verdade, ao observarmos as vertentes abruptas, quase verticais, de glaciares alpinos em retração, como o do Ródano (Rhonegletcher), na Suiça, ou o de Bossons (Chamonix) e o de Argentières, em França, sentimos, claramente, que a influência de uma erosão periglaciar ainda não teve tempo suficiente para as marcar com declives suaves, como, por exemplo, em grande parte do vale de fratura do Zêzere nas proximidades de Manteigas (S. DAVEAU, 1971). Chamado, tantas vezes, "vale glaciário do Zêzere", outras tantas, "vale glaciar do Zêzere", verifica-se que, quanto à forma, pouco tem de glaciar, a não ser em certos locais, em função da existência de rochas mais duras; em perfil transversal, a sua forma, é, quase sempre, em berço aberto e não em U, ou seja, apresenta-se como forma periglaciar (fot. 6).

---

[7] Texto revisto e aumentado a partir de REBELO, Fernando (2000) – "Observações em ambientes glaciares e periglaciares actuais como lição para o estudo de heranças do Quaternário em Portugal". *Estudos do Quaternário. Revista da Associação Portuguesa para o Estudo do Quaternário*, 3, p. 105-109.

Fot. 6 – Vale de fratura do Zêzere, a montante de Manteigas. Depois de
vale fluvial, foi vale glaciar e é hoje de novo um vale fluvial
com vertentes trabalhadas por periglaciação e por mecanis-
mos torrenciais. Foto: F. Rebelo, 2006.

Na Escandinávia, mais concretamente no norte da Noruega, podem observar-se muitos vales dos dois tipos, em diversos estádios de evolução, o que permite compreender como se processa a passagem do domínio glaciar para o domínio periglaciar com a criação de declives cada vez mais suaves.

Por sua vez, as moreias frontais, tal como podem ser vistas em glaciares atuais das Montanhas Rochosas Canadianas, também em retração, embora numa retração menos nítida do que nos alpinos, atendendo à sua dimensão e ao afastamento das áreas urbanas, como, a título de exemplo, no glaciar de Atabasca, ensinam-nos que, nos vários casos de moreias identificados na Serra da Estrela, estamos perante o que resta de uma longa evolução e que pouco se aproximam do que terão sido inicialmente. Com efeito, naquele glaciar, as moreias frontais constituem um conjunto de materiais detríticos heterométricos ligados entre si por gelo (fot. 7).

Quanto às moreias laterais, ainda no caso do Atabaska, as da margem esquerda encontram-se sob a forma de crista, em arco, forma claramente construída pela água que escorre da vertente e se escoa na sua base, escavando um pequeníssimo vale de tipo fluvial, em V, e pela água de fusão superficial do glaciar que se escoa entre o gelo da língua glaciar e o material morénico, escavando, igualmente, outro pequeníssimo vale do mesmo tipo; a crista morénica apresenta-se então como um interflúvio de perfil transversal, rígido, em A (fot. 7). Aliás, só observando *in situ* o funcionamento dos processos que criam uma forma como esta se consegue compreender, verdadeiramente, o arco morénico do Espinhaço do Cão, na margem esquerda do vale do Zêzere, junto à confluência com o vale da Candeeira (fot. 8).

Fot. 7 – Glaciar de Atabaska (Montanhas Rochosas Canadianas) – a crista morénica lateral da margem esquerda apresenta um perfil transversal em A; na margem direita, mais a montante, há outra crista morénica em formação. Foto: F. Rebelo, 1999.

Fot. 8 - Crista morénica do Espinhaço de Cão (Vale do Zêzere, Serra da Estrela). Parece ligar-se ao glaciar principal (Zêzere) e ao seu afluente (Candeeira), numa fase de retração.
Foto: F. Rebelo, 1985.

Noutros glaciares, tal como noutros locais do próprio Atabaska, as moreias laterais não parecem ter grande continuidade ao longo das margens e vêem-se mal, porque os materiais detríticos se encontram unidos por gelo; quando observadas de longe, dão, apenas, a ideia de gelo sujo.

De igual modo, só vendo como se passa harmoniosamente do gelo propriamente dito para a moreia frontal gelada, num glaciar como o de Atabasca, se compreenderá o porquê de uma certa dispersão das moreias frontais herdadas em diferentes vales da Serra da Estrela; a fusão do gelo contido no seu interior acarretará de imediato a movimentação dos materiais finos, permitindo a movimentação posterior dos de maiores dimensões. Para explicar aquela dispersão, não é, portanto, necessário imaginar grandes enxurradas ou fusões catastróficas da frente do glaciar, que decerto nem sequer existiram na língua do Zêzere, voltada a um quadrante de norte. O mesmo processo terá, com certeza, ocorrido em algumas moreias laterais, onde ainda hoje se encontram grandes blocos de granito em equilíbrio instável, sem que se note grande quantidade de calhaus e, por maioria de razão, de areias ou argilas; claro que o tempo é importante para explicar como alguns calhaus, e até um ou outro grande bloco, aparecem dispersos pelas vertentes, bem abaixo do local onde se acumularam como moreias laterais – os processos erosivos responsáveis por essas movimentações não foram só os do domínio periglaciar, como é bem nítido, por exemplo, nos vales do Zêzere (fot. 9) e do Covão Grande.

Fot. 9 – Crista morénica da margem direita do vale do Zêzere, delimitan-
do a parte norte da Nave de Santo António (Serra da Estrela)
– muitos blocos, em lenta movimentação pós-glaciar, já descem a vertente para baixo do limite da crista.
Foto: F. Rebelo, 1978.

Para além das formas dos vales e das moreias, também alguns peque-
nos lagos da Serra da Estrela se podem compreender melhor observando a dinâmica de fusão da frente de certos glaciares. No glaciar do Ródano, pudemos ver o que acontece, no verão, quando o gelo sofre uma fusão intensa – as fendas alargam-se e com a pressão da água líquida resultante

desse alargamento desprendem-se blocos de muitas toneladas de peso, que se vão partindo em blocos mais pequenos à medida que embatem na parede rochosa do ferrolho (fot. 10). Se essa parede fosse mais pequena, e mais próxima da vertical na sua forma, os blocos chegariam ao fundo do vale praticamente com a mesma gigantesca dimensão ocasionando um forte impacto – sem dúvida que este raciocínio pode ajudar a compreender melhor grande parte da origem de formas deprimidas que se encontram em vales da Serra da Estrela, tais como as lagoas do tipo "umbílico" observáveis em diferentes graus de entulhamento na base de ferrolhos mais ou menos importantes (fot. 11). Especialmente se acrescentarmos ao processo de desabamento de blocos de gelo a ação das águas da torrente subglaciar que, no caso do Atabaska, era importante e se percebia bem como se formava a partir de linhas de água de fusão superficial, organizando-se em sulcos e desaparecendo em profundidade através das fendas aparentemente verticais e profundas, "crevasses". Trata-se, evidentemente, de um processo de verão, muito reduzido no tempo, na medida em que, poucos dias depois das observações realizadas, por finais de agosto de 1999, já se verificava queda de neve.

Fot. 10 – Frente do Glaciar do Ródano (Rhonegletcher, Suiça).
Foto: F. Rebelo, 1981.

Fot. 11 – "Umbílico" quase totalmente assoreado, na área do Covão Cimeiro
(Serra da Estrela). Foto: F. Rebelo, 1976.

O recuo recente de alguns glaciares ou o seu desaparecimento há
menos de 5000 anos permite, também, definir, com exatidão, formas de
pormenor como estrias, levando a que se reduza drasticamente o número das que em Portugal são, por vezes, referidas. Com efeito, quando
observei, pela primeira vez, verdadeiras estrias em rochas graníticas
do Fjord de Oslo (fot. 12), rigidamente alinhadas com a direcção geral
do vale, tive a nítida sensação de que na Serra da Estrela as estrias são
raras. Esta sensação confirmou-se na ilha de Vancouver, ao ver as enormes estrias, devidamente assinaladas para informação turística, existentes
num afloramento rochoso de um pequeno jardim do centro da cidade de
Victoria (fot. 13). Na verdade, em qualquer destes casos, como em muitos
outros observados na Escandinávia, não há confusão possível com pequenas
fraturas ou com diáclases exploradas pela água corrente. O tempo decor-
rido desde o desaparecimento dos glaciares não foi ainda suficiente para
que, com os climas aí vigentes, a água de escorrência explore fraturas ou
diáclases e deixe sulcos ou crie caneluras, como acontece frequentemente
na Serra da Estrela. Além disso, as estrias seguem a direção que seguia

o gelo dos glaciares, arrastando calhaus da moreia frontal, à semelhança de um "Katerpillar", como explicava o cartaz turístico em Victoria, ou da moreia de fundo. Na Serra da Estrela haverá, certamente, algumas estrias, mas não é fácil garantir que todos os sulcos que parecem ser estrias o sejam na realidade – verdadeiras estrias, todavia, já foram assinaladas por N. FERREIRA e G. VIEIRA (1999) em Salgadeiras.

Fot. 12 – "Fjord" de Oslo (Noruega) – estrias glaciares. Foto: F. Rebelo, 1982

Fot. 13 – Victoria (ilha de Vancouver, Canadá) – estrias glaciares como atração turística. Foto: F. Rebelo, 1999.

Observações em ambientes periglaciares

Do mesmo modo, observações efectuadas em ambientes periglaciares na Lapónia, mas também na Escócia e na Irlanda, ajudam a definir com mais precisão certas formas de pormenor, bem como alguns materiais herdados dos tempos frios do Quaternário em Portugal. Desde as evidências de ações de macrogelifração à formação de "thufur", passando por diversos tipos de solos estriados e turfeiras, tudo funciona como uma grande lição para se compreenderem heranças existentes nas nossas serras.

A macrogelifração é visivel em muitos locais, seja em função da altitude, seja em função da latitude. Com uma ambiência periglaciar acima dos 1750 m na Serra da Estrela (S. DAVEAU, 1973), para além das areias, muitos dos fragmentos de granito que aí se encontram resultam da alternância gelo-degelo atual; às vezes, porém, é claro que um outro processo de origem mecânica está igualmente envolvido na fragmentação – o descomprimir da rocha, resultante da fusão da neve que durante vários meses cobre o planalto culminante da Serra. Noutros casos, vêem-se pequenas placas a destacar-se de paredes subverticais, mas torna-se evidente que um processo bioquímico está associado; a gelifração existe, mas é difícil afirmar que seja a única responsável pela fragmentação (F. REBELO, 1991). Na Noruega, a uma latitude de cerca de 71° N praticamente ao nível do mar, na base de *fjords*, ou a cotas até aos 300 m, em valeiros de caraterísticas fluviais, pude observar o fenómeno da fragmentação em situações diferentes – nem havia a regularidade que fizesse suspeitar da descompressão, nem havia qualquer indício de atuação bioquímica – a rocha passava harmoniosamente do afloramento são para uma área de destacamento de fragmentos, com 20 a 30 cm de comprimento, que depois caíam para a beira da estrada ou para escombreiras em formação (fot. 14).

Fot. 14 – Porsangerfjord (Russenes, Noruega) – macrogelifração atual, ao
nível do mar (Lat. 71° N). Foto: F. Rebelo, 1990 (agosto).

Nas proximidades de Alta, também no Norte da Noruega, em áreas
de vertentes com declives suaves, talhadas em material argiloso, tive a oportunidade de observar "thufur" em diversos estados de evolução.

Os pequenos montículos arredondados, com perto de 50 cm de altura, que se vêem com frequência um pouco por toda a Lapónia, têm
claramente origens variadas. Em alguns casos, basta remexer um pouco
a terra para se concluir que por baixo está um calhau e que será certamente um calhau de moreia recentemente coberto por lama que entretanto
secou e possibilitou até o aparecimento de vegetação rasteira. Noutros
casos, o remeximento dá origem a muito pó e restos de vegetação que
rapidamente se verifica estar em tufo, nada mais sendo do que isso mesmo – vegetação herbácea, quase sempre seca por baixo. Raramente, um
conjunto de montículos corresponde a verdadeiros campos de "thufur", ou
seja empolamentos de solo argiloso por ação do gelo, como pude observar
perto de Alta. Neste caso, tratando-se do início do verão (23 de junho de
1997), o gelo começava a fundir e a lama movimentava-se, fazendo com que
se iniciasse um processo de perda da forma típica dos mais pequenos; os
maiores pareciam não sofrer tanto com a fusão do gelo (fot. 15).

A observação destes campos de "thufur" lembrou um caso identificado em Portugal na Serra da Freita (A. M. Rochette CORDEIRO, 1985 e 1986). A repetição do processo gelo-degelo estará na origem da forma que, suficientemente consolidada, poderá manter-se para além do clima periglaciar que a explica, mas não certamente por muito tempo.

Fot. 15 – Alta (Noruega) – "thufur" em 23 de junho. Foto: F. Rebelo, 1997.

Também em plena Lapónia norueguesa foi possível observar solos estriados (fot. 16) e assim poder comparar a sua grandiosidade com os mais discretos, mas semelhantes que uma vez me foram mostrados por Rochette Cordeiro na Serra da Estrela, acima da altitude proposta por S. DAVEAU (1973) como limite para periglaciar atual, e que desapareceram algum tempo depois.

A observação de turfa em formação num pequeno lago do Maciço Central Francês, que me foi proporcionada por Bernard Valadas (F. REBELO, 2009/2010) em abril de 1987, revelou-se uma oportunidade pontual para imaginar o que poderia ser uma turfeira de grandes dimensões onde a turfa fosse extraída para ser utilizada como carvão. Isso veio a acontecer na Irlanda, nas Maumturk Mountains (fot. 17). Mais uma vez, aqui está uma lição para que não se confundam solos turfosos, que por vezes se encontram em várias serras portuguesas, com a verdadeira turfa.

Fot. 16 – Porsangerfjord (Russenes, Noruega) – solos estriados, quase ao nível do mar (Lat. 71° N). Foto: F. Rebelo, 1990 (agosto).

Fot. 17 – Maumturk Mountains (Irlanda) – turfeira em exploração. Foto: F. Rebelo, 2008 (agosto).

De igual modo, observações realizadas em áreas de periglaciar moderado, como na Escócia, permitem tirar ilações sobre as paisagens de um passado recente no litoral português. O mesmo na Irlanda ocidental. Referimo-nos à ausência de vegetação arbórea e mesmo arbustiva ao longo de muitos quilómetros, praticamente ao nível do mar, como resultado dos ventos frios de oeste e da abundância da queda de neve durante todo o inverno. Há gravuras do século XVIII que mostram áreas litorais do nosso país também sem árvores. Além disso, há grandes dunas, por exemplo, na área de S. Pedro de Moel, com níveis no seu interior datados de finais do século XVI (J. N. ANDRÉ e M. F. N. CORDEIRO, 1998). Assim se demonstrará o posterior recuo do mar em tempos frios (sécs. XVII-XVIII), que oferecia as praias extensas donde os ventos fortes arrastavam as areias, para depois as depositarem, cobrindo os referidos níveis e aumentando a altura das dunas.

Referências bibliográficas

ANDRÉ, José Nunes e CORDEIRO, Maria de Fátima Neves (1998) – "Importância do 'Pinhal do Rei' na fixação das areias eólicas". *Seminário Dunas da Zona Costeira de Portugal*. Leiria, Associação Eurocoast Portugal, p. 3-27.

CORDEIRO, A. M. Rochette (1985) – "Formas e formações crio-nivais na Serra da Freita". *Actas, I Reunião do Quaternário Ibérico*, Lisboa, p. 61-74.

CORDEIRO, A. M. Rochette (1986) – "Nota preliminar sobre formas e formações periglaciares na Serra da Freita". *Cadernos de Geografia*, 5, p. 161-172.

DAVEAU, Suzanne (1971) – "La glaciation de la Serra da Estrela". *Finisterra*, 6 (11), p. 5-40.

DAVEAU, Suzanne (1973) – "Quelques exemples d'évolution quaternaire des versants au Portugal". *Finisterra*, 8 (15), p. 5-47.

FERREIRA, Narciso e VIEIRA, Gonçalo (1999) – *Guia Geológico e Geomorfológico do Parque Natural da Serra da Estrela. Locais de Interesse Geológico e Geomorfológico*. Lisboa, ICN e IGM, 111 p. + 2 mapas.

REBELO, Fernando (1991) – "Considerações gerais sobre relevo granítico em Portugal", Cadernos de Geografia, 10, p. 521-535.

REBELO, Fernando (2009/2010) – "Bernard Valadas (1943-2010)". *Cadernos de Geografia*, 28-29, p. 3-5.

II PARTE

PAISAGENS DE PORTUGAL

PAISAGENS DE PORTUGAL – DIVERSIDADE E SUA EXPLICAÇÃO[8]

Para o geógrafo físico, como se mostrou atrás, o trabalho de campo está na base da investigação. Por isso, ao longo do tempo, as paisagens vão fazendo parte da sua vida. O conhecimento das mais diversas paisagens dá-lhe, portanto, a possibilidade de ajudar na organização de percursos turísticos, na elaboração de textos, figuras ou mapas para livros dedicados ao turismo, na preparação científica de guias turísticos regionais ou locais, na colocação de painéis informativos em sítios de interesse turístico, etc. Outros especialistas podem estar igualmente à vontade para falar de paisagens. No entanto, o geógrafo é o especialista que tem a obrigação de as explicar, analisando caraterísticas geomorfológicas, climatológicas, biogeográficas e hidrológicas, mas também, quando tal se revela importante, caraterísticas relacionadas com a presença do homem, sejam elas históricas ou culturais. Esta explicação poderá iniciar-se pelo estudo dos documentos cartográficos e bibliográficos existentes, mas terá de passar sempre pela observação de campo.

Linhas gerais das paisagens de Portugal continental

No caso de Portugal continental, num território de dimensão média à escala da União Europeia, com 88500 km2 de superfície, de forma gros-

---

[8] Texto revisto e aumentado, com ilustração, a partir de REBELO, Fernando (2010) – "Paisagens de Portugal. A diversidade explicada por factores naturais, históricos e culturais". *Dinâmicas de Rede no Turismo Cultural e Religioso, II Jornadas Internacionais de Turismo* Vol. II, Ed. GONÇALVES, Eduardo Cordeiro. Maia, ISMAI, p. 329-347.

seiramente retangular, com 848 km de costa, a oeste e a sul, e de 1200 de fronteira, a norte e a leste, localizado entre 37 e 42° de latitude norte e entre 6 e 9° 30' de longitude oeste de Greenwich, podemos identificar um grande número de tipos de paisagens, muitas vezes com subtipos bem definidos.

A simples observação de um mapa hipsométrico (fig. 9) permite-nos concluir, de imediato, que a um norte elevado, onde quase se atingem os 2000 m na Serra da Estrela (Torre, 1993), se opõe um sul baixo, onde apenas uma serra ultrapassa ligeiramente os 1000 m (São Mamede, 1025). Uma observação mais pormenorizada revela-nos um norte e centro com relevo essencialmente montanhoso e planáltico, sulcado por vales de maior ou menor importância, e um sul com extensas planícies e pequenos blocos montanhosos dispersos. A separação faz-se, *grosso modo*, pelo Tejo, que, na sua secção terminal, corre numa extensa área aplanada de cotas baixas. No entanto, planícies semelhantes, mas de menor dimensão, também se podem observar no litoral do centro. Um estudo mais avançado do relevo, mostrará que as áreas montanhosas e planálticas se relacionam com a tectónica fraturante verificada na Península Ibérica, em especial, duran- te o chamado ciclo alpino e que as planícies foram resultado de erosão e sedimentação, associada ou posterior, devida a processos climáticos, fluviais ou marinhos.

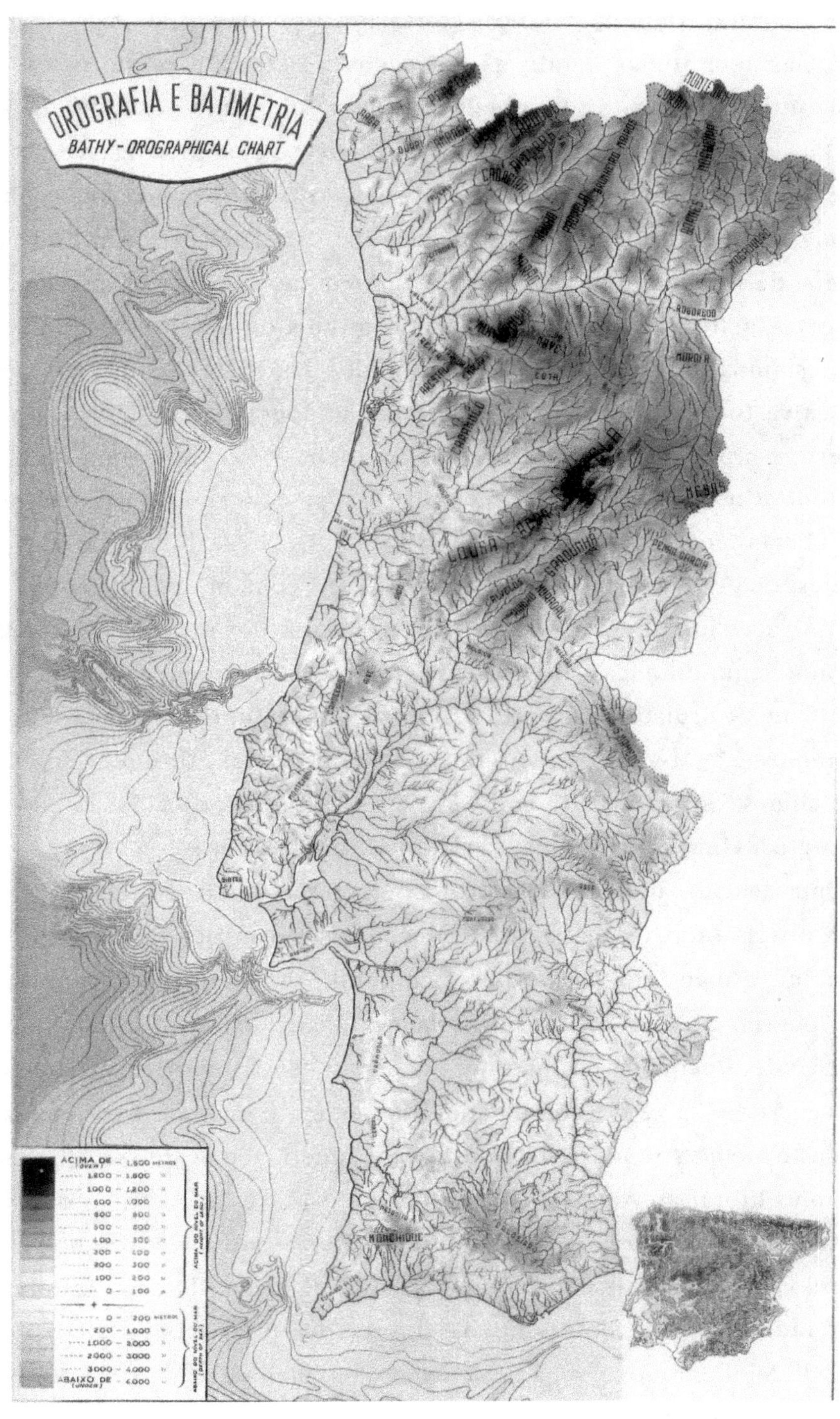

Fig. 9 – Mapa hipsométrico, extraído de A. GIRÃO (1958).

No entanto, além de heranças morfoclimáticas que, por vezes, as marcam, nas suas linhas gerais, as paisagens refletem as caraterísticas do clima atual. No caso de Portugal, o clima mediterrâneo está muito bem definido em certas áreas do território, como é o caso do Algarve litoral, de parte da Estremadura e de parte do vale do Douro, e apresenta-se mais ou menos afetado pelas consequências impostas pelo fator altitude em termos de temperaturas e precipitação, bem como pelas consequências impostas pelo afastamento do mar em termos de amplitudes térmicas. Mas estamos longe dos climas temperados marítimos, com chuva significativa todos os meses, ou dos climas temperados continentais, com invernos muito frios e verões quentes e chuvosos. Tal como afirmou Orlando Ribeiro, no verão todo o país se apresenta com as caraterísticas dos climas mediterrâneos (O. RIBEIRO, 1963). Na realidade, mesmo no noroeste há dois meses secos; no centro já se contam três, no sul quatro e no Algarve litoral em média são cinco. Trata-se dos meses mais quentes do ano. Segundo a classificação climática de W. Koeppen, com as médias de 30 anos calculadas para meados do século xx (normais climatológicas referentes a 1931-1960), todo o território continental português apresentava climas Cs (temperado com estação seca no verão) ou seja, para os geógrafos, climas temperados do domínio mediterrâneo.

Uma descida ao pormenor no respeitante às temperaturas pode ser feita observando os mapas de isotérmicas dos meses de janeiro (geralmente o mais frio) e de julho (em geral, o mais quente) elaborados por Amorim Girão e aceites por Orlando Ribeiro (fig. 10). A importância da latitude é pequena no inverno, quando as isotérmicas se dispõem em crescendo de 7 a 12 °C, quase paralelamente entre si desde a extremidade nordeste até à extremidade sudoeste, mostrando médias de 9-10 °C desde o Minho litoral ao Alentejo, ficando entre os 11 e os 12 °C só o litoral do Alentejo e o Algarve. Tudo muito diferente do que se verifica no verão, quando as isotérmicas não refletem a latitude, mas refletem a influência moderadora do Oceano Atlântico, com temperaturas médias abaixo dos 22°C do Minho ao Algarve, a oeste, com uma ligeira excepção no Alentejo litoral, entre os 22 e os 23, e acima dos 25, de norte a sul, ao longo da fronteira, a uma distância de mais de 100 km da costa.

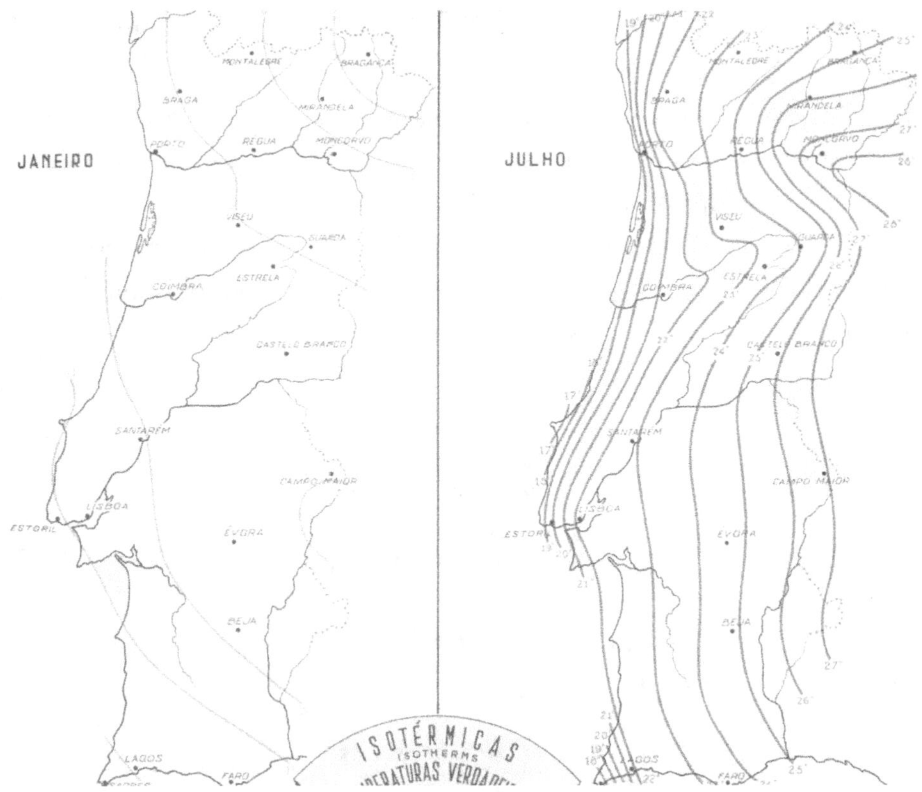

Fig. 10 – Isotérmicas de janeiro e de julho, extraídas da estampa "Isotérmicas e temperaturas verdadeiras" publicada em A. GIRÃO (1958).

A importância das altitudes para o abaixamento das temperaturas, levando a uma descida média de 0,6 °C por 100 m de subida, manifesta-se a nível da condensação do vapor de água, logo, da nebulosidade e, na sequência, da precipitação. O fenómeno será um pouco mais importante a norte do que a sul, bem como sobre o litoral em comparação com o interior, durante a maior parte do ano. E os valores mais elevados de precipitação vão ocorrer nas montanhas do noroeste, em particular na Serra do Gerês (1545 m de altitude), com médias superiores a 2500 mm anuais, tal como nas montanhas do Centro, em particular na Serra da Estrela, com médias da mesma ordem. Mesmo no sul, no Algarve ocidental, a Serra de Monchique (902 m) vai ultrapassar os 1000 mm anuais. No interior, mesmo no Norte, há uma diminuição considerável dos quantitativos de precipitação, atendendo a que, na maioria das vezes, as massas de ar húmido vêm de ocidente, encontram áreas montanhosas que funcionam como barreiras de condensação e, além de perderem aí muita da sua capacidade pluviométrica, descem para áreas planálticas, mais baixas, aquecendo por subsidência, perdendo, por isso, humidade relativa, não voltando, depois, a subir a cotas semelhantes. A diminuição de precipitação anual média entre as montanhas do Alto Minho e alguns planaltos de Trás-os-Montes chega a ser de 2500 para 600 mm. Todo o interior do norte recebe precipitações abaixo dos 1000 mm (fig 11).

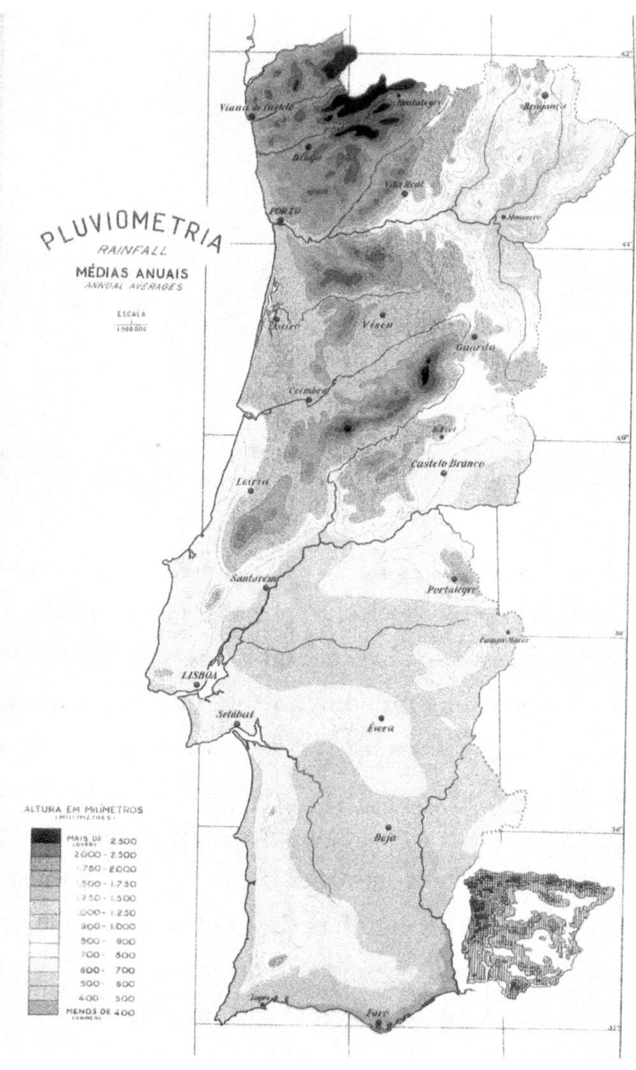

Fig 11 – Mapa da precipitação anual média, extraído de A. GIRÃO (1958).

As caraterísticas biogeográficas respondem às caraterísticas climáticas. Todavia, as heranças de tempos com outras caraterísticas climáticas não desapareceram por completo. Oliveiras com perto de 1000 anos de existência suportaram várias mudanças climáticas – pelo menos, sobreviveram a tempos frios na época medieval, a tempos quentes nos séculos XV e XVI, a tempos frios no século XVIII, a tempos quentes nos anos 1940 e a tempos quentes nos finais do século XX e no início do século XXI. No entanto, carvalhos e castanheiros com 200-300 anos de idade nasceram em tempos frios e têm resistido ao calor, mesmo a cotas baixas, principalmente, em vertentes expostas a leste ou a norte. As árvores e os arbustos mais jovens respondem melhor às caraterísticas climáticas atuais – por isso, as lenhosas mediterrâneas são assinaladas em todo o centro e sul da Península Ibérica, só não o sendo nas montanhas da Galiza, Astúrias, Cantábria e País Basco e na metade ocidental dos Pirinéus (H. MARCHAND, 1990). Mas nas áreas do norte de Portugal, tal como em várias serras e planaltos do centro, altitudes superiores a 700-900 m não permitem a existência da vinha, tal como de muitas outras espécies típicas do domínio mediterrâneo. Mapas fitogeográficos de Portugal elaborados por competentes profissionais como Bernardino Barros Gomes ou Amorim Girão, aparecem-nos hoje como difíceis de aceitar não só por representarem arvoredos agora muito reduzidos ou até inexistentes e não mostrarem como, por exemplo, o pinheiro manso e o sobreiro têm vindo a avançar por terras baixas e por vales do centro e do norte litoral, mas também por serem anteriores a uma fase de expansão do pinheiro bravo e por outra, ainda muito ativa, da sua substituição pelo eucalipto, devido a questões meramente económicas.

Muito mais ligadas às caraterísticas climáticas atuais estão os rios e os ribeiros de todo o país. Mesmo os que nascem nas montanhas do noroeste apresentam risco de cheia em época fresca e risco de estiagem, por vezes aguda, no verão. As cheias manifestam-se, em regra, entre dezembro e abril, com forte incidência em janeiro e fevereiro. Nem as numerosas albufeiras existentes por todo o território conseguem evitar aquelas que seriam sempre as maiores cheias. As pequenas cheias, as que, nos campos do Mondego, se chamavam "enchentes", quase desapareceram nos rios regularizados com barragens, mas as grandes, as que, por vezes, se revelavam catastróficas, continuaram a acontecer. O inverno de 2000-2001 foi um exemplo a merecer reflexão, com cheias a repetir-se por várias vezes em dezembro e janeiro. A ocupação humana cada vez mais desordenada, sem respeito pelos leitos de cheia, veio a criar a ilusão de que nunca tinha havido cheias tão importantes. No entanto, e a título de exemplo, em Coimbra, o Mondego apenas atingiu metade dos caudais que havia atingido em 1948 (P. CUNHA, 2002; A. MARQUES *et al*, 2005). Tal como o fizeram os geógrafos do passado, torna-se necessário estudar como acontecem as cheias e as inundações que elas provocam, até porque foi através de processos semelhantes que se foram construindo as mais belas paisagens de planícies que temos em Portugal.

Ainda no respeitante aos elementos naturais que marcam as paisagens, não devem descurar-se as caraterísticas das rochas em presença. Estas podem apresentar-se partindo da observação de um mapa simplificado das unidades estruturais (fig.12). No Maciço Hespérico, os granitos são as rochas predominantes (fig. 13). Embora com muitas variedades, eles oferecem formas de pormenor completamente diferentes das que em regra são típicas dos xistos, o material rochoso que se lhe segue em representatividade. Os blocos montanhosos com topos aplanados e fortes declives nas vertentes ou com pequenas saliências rochosas e bolas de dimensões e formas variadas, dos granitos, contrastam com os blocos montanhosos de formas arredondadas no topo e nas vertentes, dos xistos. Embora pouco representativos, quando afloram, os quartzitos originam frequentemente cristas alongadas, uma ou outra vez cortadas por rios com vales em garganta. Na Orla Mesocenozóica Ocidental e na Orla Mesocenozóica Meridional, as paisagens de serras e colinas calcárias mostram paisagens caraterísticamente mediterrâneas, mesmo quando as precipitações ultrapassam os 1000 mm anuais médios; a água perde-se em profundidade e pode vir a circular subterraneamente, em grutas ou simples condutas, aparecendo depois em nascentes que tomam o nome de exsurgências. Mas não são apenas as paisagens de calcário que existem nas Orlas; também se encontram colinas e depressões de rochas sedimentares detríticas, colinas de origem magmática e vales diapíricos.

No contexto da Orla Ocidental até uma importante serra granítica (Sintra)
oferece bons apontamentos paisagísticos. Finalmente, a Bacia Terciária
do Tejo e do Sado é uma unidade recente onde predomina uma extensa
planície, ladeada de terraços fluviais que testemunham a história qua-
ternária destes rios.

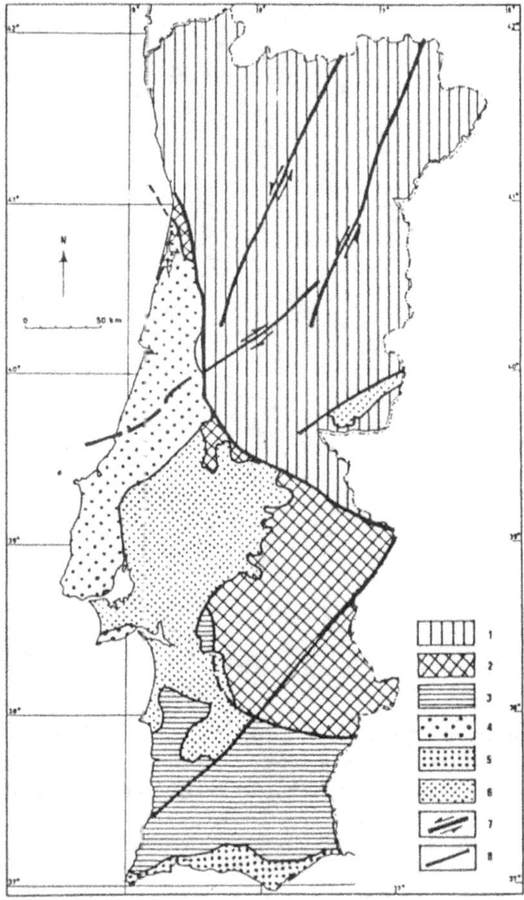

Fig. 12 – Unidades estruturais. Cartograma extraído e adaptado de A. B.
FERREIRA (1978, fig. 2) pelo Autor (F. REBELO, 1992).

Legenda: 1 – zona centro-ibérica, 2 – zona Ossa-Morena e 3 – zona
sul-portuguesa (Maciço Hespérico); 4 – Orla Mesocenozóica
Ocidental e 5 – Orla Mesocenozóica Meridional; 6 – bacias
terciárias; 7 – desligamento; 8 – falha.

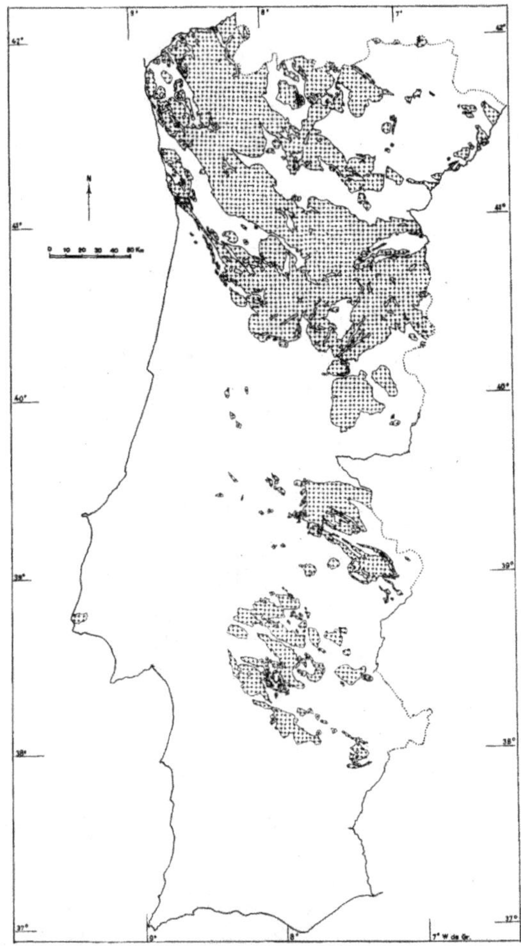

Fig. 13 – Afloramentos graníticos em Portugal. Cartograma extraído e
adaptado da Carta Geológica de Portugal, 1: 1000000, Atlas do
Ambiente, CNA, Lisboa, 1982 (F. REBELO, 1991).

Paisagens do norte e do centro

O norte de Portugal apresenta um contraste muito claro entre a metade
litoral e a metade interior. Não é por acaso que se chama Trás-os-Montes
ao conjunto predominantemente planáltico que se encontra a oriente das
montanhas e dos vales profundos do Minho. Na verdade, o relevo minhoto vai subindo em altitude desde uma costa de pequenas praias e arribas

de reduzida importância até valores elevados, que podem mesmo ultrapassar os 1500 m no caso da Serra do Gerês (1545 m), donde desce bruscamente para uma área de depressões comandada pelo acidente tectónico tardi-hercínico de Ourense - Bacia da Lousã, aqui bem definido entre Verin e Régua. A partir daí, segue-se para leste um relevo de planaltos e vales mais ou menos encaixados, onde, entre as raras serras existentes, se destaca a de Montesinho, que, como outras, se ergue acima do planalto mais extenso (a Meseta), mas atingindo maior altitude que elas – 1438 m (fot. 18).

Fot. 18 – Meseta e Serra de Montesinho (vistas de leste para oeste).
Foto: F. Rebelo, 2009.

O relevo minhoto é muito movimentado – serras das mais variadas altitudes estão separadas entre si por vales, às vezes, rectilíneos, resultantes da erosão fluvial sobre fraturas que afetam os granitos, rochas aí predominantes. No entanto, com serras onde as altitudes muitas vezes ultrapassam os 1300 m, com outras que nem sequer atingem os 1000 e com vales que descem praticamente até ao nível do mar, as condições climáticas do Minho são variadas. Assim, tanto nos oferecem subtipos de paisagens de alta montanha, despidas de vegetação, com cascalheiras ligadas a ações criogenéticas e com vestígios de ação glaciar würmiana, caso do Gerês (G. COUDÉ-GAUSSEN, 1981), como oferecem paisagens florestais de média montanha, mais ou menos aproveitadas pelo homem para uma agropecuária muito específica, em clareiras. Mas podem também oferecer paisagens de produção de milho, vinho e laranja, com caraterísticas típicas do verão do Mediterrâneo. No entanto, as precipitações, quase sempre superiores a 1200 mm anuais, são a grande explicação para uma agricultura intensiva, em que a policultura domina, incluindo a vinha, que se adapta, ganhando dimensões que não se encontram noutras áreas do país, subindo árvores (vinha de enforcado) ou alongando-se por ramadas, e dando um vinho pouco alcoólico, mas muito apreciado, o vinho verde.

O Parque Nacional da Peneda-Gerês é a "jóia da coroa" das montanhas minhotas, oferecendo as mais belas paisagens de alta e média montanha de um Minho agreste e de um Minho verde, de enorme biodiversidade, que o homem enriqueceu ainda mais, já no século XX, criando albufeiras ao construir barragens hidroelétricas (fot. 19).

Fot. 19 – Parque Nacional da Peneda-Gerês. Paisagem florestal de média montanha, marcada por importante vale de fractura e pela albufeira da Barragem de Caniçada, no Rio Cávado. Foto: F. Rebelo, 2002.

Não é por acaso que se diz Trás-os-Montes. O relevo planáltico predominante está mesmo para lá dos "montes" mais altos do Minho... E, por isso mesmo, como disse atrás, tem menos chuva. Mais afastado do mar e amplamente aberto ao interior da Península, em especial através do seu mais importante planalto, a Meseta, que se continua por Espanha, para as mesmas altitudes, em relação ao Minho, regista temperaturas mais baixas de inverno e mais elevadas de verão. Também a abundante vegetação minhota, seja ela florestal ou agrícola, dá passagem a campos mais abertos, típicos de uma agricultura cerealífera, em especial de centeio, bem como as espécies vegetais diferentes nas suas florestas, também elas menos frequentes. Se, no Minho, o homem foi introduzindo os pinheiros e, mais recentemente, os eucaliptos, deixando ainda alguns velhos soutos de carvalho roble ou alvarinho, em Trás-os-Montes, uns e outros daqueles são menos frequentes, mas os carvalhais são de carvalho negral e misturam-se frequentemente com castanheiros. No verão, as paisagens planálticas transmontanas que não tenham árvores apresentam-se secas. Mas a vinha, de pequeno tamanho comparada com a do Minho, aparece mesmo nos planaltos em função da insistência do homem, em regra, aproveitando locais ligeiramente abrigados ou expostos a sul. Quando há vinha, o verde ainda perdura até fins do Verão.

Trás-os-Montes não é só a Terra Fria da Meseta. Embora poucas, há montanhas atingindo diversas altitudes, há planaltos a cotas variadas, há depressões de origem tectónica, mais ou menos extensas, e há o vale do Douro, primeiro, profundamente encaixado na Meseta (fot. 20), oferecendo uma área de grande beleza, protegida, com a designação de Parque Natural do Douro Internacional, ostentando cinco belas barragens, três portuguesas e duas espanholas, e, depois, mais aberto, mas sempre profundo, mostrando uma das mais belas paisagens do mundo, reconhecida pela UNESCO, a 14 de dezembro de 2001, como Património da Humanidade, o Alto Douro Vinhateiro (fot. 21). Também aqui há barragens, embora diferentes das anteriores, atendendo à largura do vale e ao interesse em facilitar a navegabilidade do rio.

Fot. 20 – Meseta e encaixe do Douro internacional. Paisagem planáltica marcada pelo vale em garganta e pela albufeira da Barragem de Miranda do Douro. Foto: F. Rebelo, 1975.

Fot. 21 – Vale do Douro na área do Pinhão (Régua). Paisagem de caraterísticas mediterrâneas, considerada Património da Humanidade. Foto: F. Rebelo, 1995.

Nas depressões e no vale do Douro e seus afluentes, o clima é bem diferente do clima dos planaltos e montanhas acima deles – claramente temperado mediterrâneo, apenas apresenta uma maior amplitude térmica do que o clima do Algarve e do de parte da Estremadura, tendo mesmo aquele que, em termos de médias mensais, no verão, se pode chamar o pólo do calor em Portugal – a área de confluência com o Águeda, junto a Barca de Alva (fot. 22). Em todo o vale do Alto Douro é impressionante o trabalho do homem que, de vários modos, foi construindo os socalcos onde cresce a vinha da mais antiga região demarcada do mundo (A. PEREIRA e A. S. PEDROSA, 2007).

Fot. 22 – Confluência do Rio Águeda com o Rio Douro na área de Barca de Alva. Paisagem mediterrânea encaixada na Terra Fria transmontana. Foto: F. Rebelo, 2006.

Integrado no conjunto do Maciço Hespérico, o interior do centro também apresenta planaltos (Beira Alta, Nave e Beira Transmontana) e serras, mas o *ex-libris* do seu relevo é a unidade geomorfológica denominada Cordilheira Central, onde se salienta a Serra da Estrela.

Na sequência do relevo acidentado que, a norte do Rio Douro, se estende desde as cristas quartzíticas de Valongo (F. REBELO, 1975) até à Serra do Marão (A. S. PEDROSA, 1993), para leste vêm as extensões planálticas de Trás-os-Montes. Para sul daquele rio, as montanhas ocidentais da Beira Alta são ainda uma certa forma de continuidade do Minho, com serras, que podem ultrapassar os 1000 m de altitude, e vales profundos, percorridos por afluentes do Douro ou do Vouga. A floresta, com nítido predomínio de pinheiros e eucaliptos, está por toda a parte, mas os espaços agrícolas à volta das aldeias denotam um grande esforço do homem tanto na criação de socalcos, como na agricultura intensiva. O contacto com as paisagens planálticas a leste também é brusco e nasce do acidente tectónico tardi-hercínico já referido. Por exemplo, da Serra do Caramulo desce-se bruscamente para o planalto da Beira Alta (fot. 23), também chamado Plataforma Inclinada da Beira Alta (O. RIBEIRO, 1949), Fosso do Mondego (P. BIROT, 1949) ou Plataforma do Mondego (A. B. FERREIRA, 1978), onde as altitudes vão subindo dos 250 aos 500 m em direcção ao interior, à área de Viseu – de uma área montanhosa predominantemente florestal, com alguns cumes despidos de vegetação, passa-se para uma área aplanada, com vales pouco importantes, com grande densidade de população e agricultura intensiva, onde a vinha e a oliveira começam a aparecer com muita frequência, graças ao aumento das temperaturas médias e à diminuição das precipitações. O mesmo já não acontece para nordeste, no Planalto da Nave, com altitudes a subir dos 600 aos 900 m, florestado, não só de pinheiros e eucaliptos, mas também com árvores de Terra Fria, carvalhos negrais e castanheiros. Com a aproximação da fronteira, o planalto é outra vez a Meseta, agora, a Meseta a sul do Douro, a subir para sul desde os 600 m, acima de Barca de Alva, até aos 900, na base da Serra da Malcata (fot. 24), com vegetação semelhante e, por vezes, com áreas extensas denunciando secura do clima e abandono dos solos pelas populações envelhecidas (A. NUNES, 2008).

Fot. 23 – Falha da Ribamá, relacionada com o acidente tardi-hercínico de
Ourense à Bacia da Lousã, marcando o contraste entre o Planalto da Beira Alta e a Serra do Caramulo. Foto: F. Rebelo, 1977.

As paisagens mais imponentes da Região Centro vão, todavia, encontrar-se na Cordilheira Central, onde um conjunto de serras de xisto,
com destaque para as da Lousã e de Açor, ultrapassa os 1200 m de
altitude (L. LOURENÇO, 1996), e a Serra da Estrela, granítica, como vi-
mos atrás, quase atinge os 2000 m (Torre, 1993 m). E é nesta serra que
se vão encontrar paisagens de caraterísticas únicas em Portugal, tendo
em vista a dimensão das formas glaciares e periglaciares existentes,
testemunhando climas muito frios de há mais de 10000 anos e do frio
que ainda hoje se faz sentir para cima dos 1750 m, especialmente no
inverno (S. DAVEAU, 1971; G. VIEIRA, 2004). A vegetação vai diminuindo
em altitude e até a giesta, ainda muito abundante por volta dos 1000 m,
acabará por dar lugar predominante ao *sphagnum* nas maiores altitudes.
O topo planáltico da Estrela (Torre), rochoso, sem depósitos, coberto
de neve durante 6 a 9 meses (fot. 25), dá uma ideia do que teria sido
o glaciar de planalto que o ocupou no Würm, durante dezenas de milhares de anos, atingindo, pelo menos, 80 m de espessura e descendo
por sete vales com línguas que deixaram formas e depósitos de moreias
observáveis ainda nos nossos dias (fot. 26).

Fot. 24 – Meseta a sul do Douro e Serra da Malcata. Foto: F. Rebelo, 1995.

Fot. 25 – Torre (1993 m) – planalto somital da Serra da Estrela.
Foto: F. Rebelo, 2006 (maio).

Fot. 26 – Vale do Zêzere e sua moreia lateral direita com o grande bloco granítico do Poio do Judeu. Foto: F. Rebelo, 1978.

Da Serra da Estrela desce-se bruscamente para a Cova da Beira, área com caraterísticas mediterrâneas secas que permitem a produção de vinho e azeite, mas onde as árvores de fruto têm vindo a ganhar terreno, como acontece com a cerejeira. A poucos quilómetros de distância, uma diferença de altitude de cerca de 1500 m, relacionada com a tectónica de falha que levantou a Cordilheira e abateu a Cova da Beira, está na origem de tão grande contraste paisagístico. Na parte sueste da Cordilheira Central, a Serra da Gardunha vê subir algumas cerejeiras, mas é ocupada principalmente por muitos pinheiros e eucaliptos; na sua base, para sul, a plataforma da Beira Baixa, com uma altitude máxima à volta dos 400 m, é mais uma terra de cereais, seca, com poucas árvores.

As paisagens do centro litoral são bem diversas e não apenas por toda a área se integrar na Orla Mesocenozóica Ocidental.

Na área de Aveiro, por exemplo, a planície é quase perfeita. O recuo do mar em tempos históricos revelou-se fundamental para a construção de um cordão litoral que chegou a fechar completamente a laguna (século XVII) a que o povo continua a chamar "Ria de Aveiro" (fig. 2, I Parte). Desaguando nessa forma de caraterísticas lacustres, tanto o rio Vouga como outros rios e ribeiras da região vieram depositar sedimentos que ajudaram a construir ilhas. Juntamente com areias transportadas pelos ventos e por eles abandonadas quando perdem velocidade, mas também com areias que o mar arrasta quando em épocas de tempestade consegue cortar o cordão litoral (por exemplo, em 1964, 1978, 2001, 2011) e ainda com a vegetação que cresce e morre nas águas, os sedimentos fluviais vão assoreando a laguna (A. GIRÃO, 1922; F. REBELO, 2007). Para Amorim Girão, o desaparecimento da "Ria de Aveiro" é certo, apenas restando ao homem atrasar esse desenlace (fot. 27). A dedução tornava-se fácil desde que se compreendesse como foi sendo construída a planície litoral desta região, que se estende, aproximadamente, desde Espinho até à Serra da Boa Viagem, na área da Figueira da Foz, e que hoje é ocupada por um extenso pinhal; aí se podem encontrar dunas, muitas das quais há muito estabilizadas com vegetação (A. C. ALMEIDA, 1997). Neste conjunto de terras baixas podem incluir-se também os campos do Mondego (A. F. MARTINS, 1940), bem como toda a área litoral com dunas e lagoas, até São Pedro de Moel (J. N. ANDRÉ e M. F. CORDEIRO, 1998).

Fot. 27 – Laguna de Aveiro ("braço" de Vagos) em processo de assoreamento natural, mas aproveitado pelo homem. Foto: F. Rebelo, 2006.

Não muito longe da laguna de Aveiro encontram-se colinas, planaltos e serras calcárias. Sobre os calcários, principalmente sobre os margosos, como os da Bairrada, a cobertura florestal tem pouca importância, ao mesmo tempo que as duas principais produções mediterrâneas, hoje mais a vinha do que a oliveira, predominam. Ainda a norte do Rio Mondego, o planalto de Cantanhede e a Serra da Boa Viagem, apenas merecem estas designações por comparação com as terras baixas da planície litoral que lhes estão próximas. Pinheiros mansos, pinheiros bravos e eucaliptos estão frequentemente lado a lado, mas a Serra, que nem sequer atinge 300 m, foi florestada também com outras espécies, como os cedros, que, aliás, resistiram bem melhor do que os primeiros ao grande incêndio florestal de 1993 (L. LOURENÇO *et al.*, 1994), o que praticamente se repetiu em 2005. Para sul do Mondego, as serras calcárias, ligadas a uma tectónica inicialmente dúctil e depois fraturante que as ergueu, começam a ultrapassar os 500 m, seja no Maciço de Sicó (L. CUNHA, 1990), no Maciço Calcário Estremenho (A. F. MARTINS, 1949), na Serra de Montejunto, seja ainda mais para sul, na área de Setúbal, na Serra da Arrábida (O. RIBEIRO, 1935). Trata-se então de paisagens de serras com dobramentos importantes, mas levantadas por falhas (fot. 28), quase despidas de vegetação, com poucos solos férteis, onde as rochas estão muitas vezes cortadas por sulcos mais ou menos disfarçados com terra rossa e plantas xerófitas ("lapiás"), mas onde, em áreas planálticas, a favor de solos localmente siliciosos, podem também aparecer pinheiros, eucaliptos e azinheiras e onde as formas superficiais podem ser fechadas, como as dolinas ou os "polja" (por exemplo, a dolina da Cova da Iria e o "polje" de Minde). A água não corre à superfície, há grutas, algumas das quais abertas ao turismo, e as características mediterrâneas estão presentes, uma vez mais, sempre que os solos permitem, através da vinha e das oliveiras.

Fot. 28 – Serra de Aire e Falha dos Arrifes, no Maciço Calcário
Estremenho, fotografadas a partir da Bacia Terciária do Tejo.
Foto: F. Rebelo, 1975.

Paisagens da região de Lisboa e do sul

As planícies aluviais do Tejo e do Sado constituíram-se por cima de
sedimentos marinhos e lacustres do Cenozóico. Diz-se, geralmente, que
é a mais perfeita planície do país. No entanto, ela tem o leito de cheia
dos rios principais e de parte dos seus afluentes, mas também tem terraços fluviais, correspondendo a antigas planícies aluviais construídas
no Quaternário, bem como depósitos de sopé anteriores e até colinas de
calcários, quase sempre, margosos[9]. As áreas inundáveis pelo Tejo são
chamadas "lezírias", podendo ser aproveitadas para criação de gado bovino, com frequência, gado bravo, mas também para produção de milho
ou de vinha (fot. 29). Nas vertentes, nos terraços e nas colinas, além da

---

[9] Quase sempre, porque, pelo menos num caso, Alcanede, o calcário, do Oligocénico,
é marmóreo – a exceção que confirma a regra...

vinha e também da oliveira, há árvores diversas, como pinheiros bravos, pinheiros mansos, eucaliptos, sobreiros, etc.

Fot. 29 – Planície aluvial do Tejo, em Vila Franca de Xira.
Foto: F. Rebelo, 1989.

A norte do Tejo, as serras calcárias, que chegam a ter vales diapíricos a seu lado, com destaque para o das Caldas da Rainha, largo e alongado, dão passagem às colinas argilo-arenosas da área de Torres Vedras e a alinhamentos rochosos, igualmente calcários, do tipo "cuesta" (costeiras), como os da área de Loures, mas também a colinas basálticas pertencentes ao chamado manto basáltico de Lisboa. Perto do mar, todavia, uma serra granítica, que ultrapassa os 500 m de altitude, a Serra de Sintra (528m), vai oferecer paisagens de grande beleza, não só pelo acidentado do relevo, dos picos e das bolas graníticas, mas também pelo verde de uma vegetação arbórea e arbustiva muito variada e densa, bem como pelas arribas da área do Cabo da Roca, extremidade Oeste da Europa continental, e pelas praias arenosas que as rodeiam.

A sul do Tejo, a Serra da Arrábida (501m) ostenta paisagens diferentes, mas igualmente belas, tanto pelas características das rochas predominantes, os calcários, como pela vegetação natural tipicamente mediterrânea das suas vertentes, em especial das voltadas a quadrantes de sul, e pelas altas arribas que terminam abruptamente com a paisagem montanhosa (O. RIBEIRO, 1935).

Às mesmas latitudes da Bacia do Tejo e do Sado, para o interior, a paisagem é também predominantemente plana, mas apresenta cotas mais elevadas, correspondendo a terrenos antigos do Maciço Hespérico. A Beira Baixa apresenta-se com cotas próximas dos 400 m e termina na escarpa de falha da Idanha-a-Nova, que marca a transição para o relevo do Alto Alentejo, já bem definido mesmo a norte do Tejo, com cotas à volta dos 300 m nas Campinas da Idanha (fot. 30). Para sul do rio, a planície dá passagem a um relevo levemente ondulado em função da proximidade de cursos de água, encaixados e, por vezes, até com rápidos. As serras são poucas e pouco importantes, à exceção da Serra de São Mamede, na área fronteiriça, com os seus 1025 m de altitude. Continuando para sul, uma importante escarpa de falha, a da Vidigueira, irá fazer a passagem do relevo do Alto para o do Baixo Alentejo, onde as cotas se aproximam dos 200 m (fot. 31). Também aqui, são poucas as serras e as que existem têm pequena importância altimétrica. Em contrapartida, no litoral, a planície é perfeita – extensa e estreita, corresponde a uma superfície de abrasão marinha (M. FEIO, 1952).

Fot. 30 – Escarpa de falha da Idanha-a-Nova, separando o relevo da Beira
Baixa do relevo do Alto Alentejo. Ao fundo, na Cordilheira
Central, salienta-se a Serra da Estrela. Foto: F. Rebelo, 2009.

Fot. 31 – Escarpa de falha da Vidigueira, separando o relevo do Alto
Alentejo do relevo do Baixo Alentejo. Foto: F. Rebelo, 2008.

Excetuando esta área litoral, todo o Alentejo apresenta temperaturas elevadas de verão, temperaturas que atingem médias de 26-27 °C em julho, na proximidade da fronteira. O vale do Guadiana, encaixado abaixo dos 200 m torna-se particularmente quente e seco na sua secção terminal. A maior parte do Alentejo tinha, além dos sobreiros predominantes na metade litoral e das azinheiras no interior, grandes extensões de produção de trigo, por vezes, em sistema de afolhamento trienal ou superior e em regime de monocultura, quase sempre em regime de economia de montado, com criação de porcos. Terá sido assim durante muito tempo. Os primeiros latifúndios poderão ter sido romanos, mas a entrega de grandes espaços a individualidades e a ordens religiosas importantes após a reconquista do território aos muçulmanos e, principalmente, no século XIX, as aquisições de propriedades, na sequência da extinção daquelas ordens, mantiveram ou alargaram a velha tradição agrícola latifundiária. As grandes propriedades que chegaram à segunda metade do século XX vieram, depois de 1974, a evoluir para novas estruturas fundiárias que, lado a lado com sistemas de rega, que se juntaram aos já implantados desde meados do século, permitiram a introdução de novas culturas e o desenvolvimento da criação de gado, com particular incidência no gado bovino. A construção de barragens modificou radicalmente algumas paisagens tradicionais alentejanas, tendo atingido o seu máximo no caso de Alqueva, no rio Guadiana (fot. 32) Independentemente disso, culturas mediterrâneas, como a vinha e a oliveira, têm vindo a ocupar novos espaços um pouco por todo o Alentejo. Também os sobreiros ganharam mais importância, apresentando-se, em certas áreas do Alto Alentejo, com uma forte densidade, oferecendo paisagens sempre verdes muito apreciadas. No seu conjunto, as paisagens alentejanas são hoje, portanto, muito marcadas pelo homem, não deixando, todavia, de mostrar ainda grandes extensões pouco arborizadas e de aspecto seco a muito seco no verão.

Fot. 32 – Vista parcial da albufeira criada pela barragem de Alqueva (Rio Guadiana), na área entre Reguengos de Monsaraz e Mourão. Foto: F. Rebelo, 2006 (30 junho).

A extremidade sul do Baixo Alentejo começa a subir de altitude, progressivamente, devido à tectónica de falha. Rochas sedimentares muito antigas, aparentadas com os xistos, às vezes, alternando com camadas pouco espessas de calcários, vão dar um relevo montanhoso a rondar os 500-600 m de altitude, na Serra do Caldeirão, tal como rochas magmáticas, concretamente, sieníticas, vão ser em grande parte responsáveis por altitudes mais importantes a oeste, onde, na Serra de Monchique (fot. 33), se atingem os 902 m. Monchique e Caldeirão apresentam-se numa certa continuidade espacial de oeste para leste, ou seja, em concordância com o Oceano Atlântico, que banha toda a costa do Algarve. A esse conjunto montanhoso chama-se Serra Algarvia, talvez mais pelas caraterísticas da ocupação humana do que pelas caraterísticas geológicas, geomorfológicas ou biogeográficas, que não diferem muito das que se encontram em serras alentejanas.

As paisagens algarvias, ao contrário do que por vezes se pensa, são bastante diversificadas. Em geral, consideram-se mais duas áreas além da Serra Algarvia – o Barrocal e o Algarve Litoral. Numa situação central, a primeira corresponde a colinas e planaltos calcários, sem rios, mas com formas superficiais fechadas (fot. 34) e grutas, com espaços quase sem árvores, embora com vegetação rasteira, por vezes, espinhosa, como em qualquer outra paisagem cársica do domínio mediterrâneo. Mais perto do mar, estendendo-se por toda a região, o Algarve Litoral apresenta um relevo de planícies, por vezes, um pouco ondulado em função de algumas linhas de água, mas que junto ao mar não termina sempre da mesma maneira. No pormenor, este tipo de paisagem, onde todas as espécies vegetais mediterrâneas (vinha, oliveira, laranjeira, amendoeira, alfarrobeira, pinheiro manso, etc.) podem ser observadas, vai, mais a oeste, oferecer uma plataforma de abrasão marinha que termina em grandes arribas de calcário duro, quase só com vegetação rasteira (fot. 35), ou em pequenas arribas de calcário frágil e de grés e argilas muito recortadas, tal como, mais para leste, oferece uma forma lagunar muito assoreada, com restinga, originando ilhas alongadas, a que o povo chama "Ria Formosa" (fot. 36).

Fot. 33 – Serra de Monchique, vista do estuário do Arade, em Portimão.
Foto: F. Rebelo, 2005.

Fot. 34 – "Polje" de Nave do Barão, Barrocal algarvio, nas proximidades de Loulé. Foto: F. Rebelo, 2006.

Fot. 35 – Plataforma de abrasão marinha e arribas na Ponta de Sagres. Foto: F. Rebelo, 2009.

Fot. 36 – Laguna Formosa. Foto: F. Rebelo, 2009 (25 de junho).

Paisagens dos Açores e da Madeira

Portugal não se esgota no território continental. A uma distância média de quase 1800 km da costa ocidental do continente, a longitudes entre os 25° e os 31° 30' W de Greenwich e a latitudes que se estendem entre os 36° 30' e os 40° N, correspondendo, portanto, às latitudes do sul e do centro de Portugal continental, o arquipélago dos Açores, com as suas nove ilhas habitadas, ocupa uma superfície de 2335 km2. Todas diferentes entre si, as ilhas têm em comum a origem vulcânica e as suas paisagens bem marcadas por essa realidade. A sua juventude é atestada pela existência de aparelhos vulcânicos bem definidos ou, pelo menos, pouco destruídos pela erosão comandada pelas águas correntes, o que é, particularmente, visível na Ilha de São Miguel (F. REBELO, 1985). Na Ilha do Pico, no cimo do vulcão com o mesmo nome (fig 37), atinge-se a altitude máxima do território nacional (Piquinho, 2351 m). Por outro lado, no interior das caldeiras de abatimento de alguns deles observam-se lagoas (fot. 38).

A oceanicidade modera o clima das ilhas, clima de base mediterrânea, na maior parte delas, que se depreende dos seus regimes térmicos e de precipitação e que se compreende pelas latitudes a que se encontram. Clima temperado marítimo (sem estação seca, Cf, segundo Koeppen) também se pode registar em certos locais, principalmente em função da altitude ou em função de uma mais forte oceanicidade nas ilhas do grupo ocidental (fot. 39). Pelo primeiro ou pelo segundo motivo, as paisagens açorianas são muito ricas em vegetação herbácea, arbustiva e arbórea, muitas vezes com pastagens que permitem a criação de gado bovino, actividade claramente predominante em quase todas as ilhas. A floresta está também presente, sendo por vezes bastante densa, em especial quando se desenvolve a Criptoméria japónica, espécie introduzida que se adaptou muito bem às condições edafo-climáticas.

O negro dos basaltos e o verde da vegetação marcam profundamente a maioria das paisagens, mesmo quando o mar está presente, batendo em arribas das mais variadas alturas ou avançando sobre pequenas praias de areia ou cascalho.

Fot. 37 – Vulcão do Pico, salientando-se acima das nuvens. Foto: Nuno Rebelo, 2012 (8 julho).

Fot. 38 – Lagoa na caldeira do grande aparelho vulcânico das Furnas
(São Miguel, Açores). Foto: F. Rebelo, 2008.

Fot. 39 – Queda de água na ilha das Flores. Foto: F. Rebelo, 2012.

Com duas ilhas povoadas (Madeira e Porto Santo), o arquipélago da Madeira ocupa um espaço de 796 km2, situando-se entre 32 e 35° 30' N, ou seja, numa área de climas igualmente mediterrâneos. Entre os 16° 30' e os 17° 30' de longitude oeste de Greenwich, encontra-se a sudoeste do Cabo de São Vicente, do qual dista menos de 1000 km. Tal como nos Açores, também aqui as ilhas são de origem vulcânica. No entanto, sendo mais antigas do que a maioria das ilhas açorianas, sofreram mais tempo de erosão e as formas vulcânicas típicas, salvo raras exceções (fot. 40), poucas vezes se reconhecem. As paisagens dominantes são montanhosas, com vales profundos e arribas de grande dimensão, mas também com uma vegetação arbórea e arbustiva muito densa, com espécies hoje desconhecidas no continente – Laurissilva (R. QUINTAL, 1989). Esta pode observar-se, em especial, no centro da ilha da Madeira. Pela sua beleza, mereceu bem ser declarada pela UNESCO, em 1999, como Património da Humanidade. No pormenor, há outros tipos de paisagem. Na extremidade oriental da ilha da Madeira e na maior parte da ilha do Porto Santo predomina a secura, a vegetação é escassa. Por outro lado, em função das grandes altitudes, com um planalto à volta dos 1500 m (Paul da Serra), a vegetação é reduzida em tamanho e densidade (fot. 41), e com picos acima dos 1800 m, as rochas nuas apresentam depósitos periglaciares de macrogelifração (A. B. FERREIRA, 1981). O trabalho do Homem, trazendo água, através de "levadas", das partes centrais da ilha da Madeira para as vertentes expostas a sul, nos seus sectores mais baixos, onde se verificam as mais altas temperaturas de verão, e organizando socalcos para permitir uma agricultura intensiva, criou paisagens humanizadas com produções de caraterísticas tropicais, especialmente de bananeiras e de cana de açúcar (O. RIBEIRO, 1949). Os percursos que podem ser feitos aproveitando as levadas permitem observar a maior parte das paisagens da ilha (R. QUINTAL, 1999).

Fot. 40 – Vestígios da caldeira de abatimento de um velho vulcão no Arco de São Jorge, costa norte da Madeira. Foto: F. Rebelo, 2006.

Fot. 41 – Planalto do Paul da Serra, ilha da Madeira. Foto: F. Rebelo, 2006.

Concluindo

Falar das paisagens portuguesas é tarefa muito difícil. Antes de mais, Portugal continental apresenta uma enorme variedade geomorfológica relacionada com a tectónica e a litologia, mas também com os climas que se sucederam desde o início dos tempos cenozóicos e que são responsáveis por muitas heranças de pormenor. Por isso, podem encontrar-se paisagens de serras e planaltos graníticos, paisagens de xistos, por vezes dando passagem a paisagens de quartzitos, paisagens de calcários e paisagens de argilas, areias e grés, tal como podem encontrar-se elementos paisagísticos de pormenor que sugerem tempos de climas tropicais secos, de climas temperados frios a muito frios, de climas temperados húmidos, quase ao lado de paisagens típicas de climas temperados do domínio mediterrâneo. Nos arquipélagos dos Açores e da Madeira, a origem vulcânica não impediu, aqui ou ali, numa ou noutra ilha, o aparecimento de apontamentos paisagísticos relacionados com calcários ou arenitos cenozóicos, depositados sobre rochas basálticas mais antigas. E o frio também esteve presente no último período frio do Quaternário deixando formas e depósitos caraterísticos na Madeira. No entanto, se a natureza dá as linhas gerais, o Homem vai enriquecendo o pormenor, desflorestando ou florestando, criando espaços de agricultura em vertentes ou, no caso do território continental, aproveitando áreas de assoreamento fluvial ou lagunar, mas também construindo barragens criadoras por vezes de grandes albufeiras.

Também pela enorme variedade das suas paisagens, Portugal, país de dimensão média à escala da União Europeia, o 13º em superfície entre os actuais 27, não pode ser considerado um país pequeno.

Referências bibliográficas

ALMEIDA, Anónio Campar de (1997) – *Dunas de Quiaios, Gândara e Serra da Boa Viagem. Uma abordagem ecológica da paisagem*. Coimbra, Fundação Calouste Gulbenkian e Junta Nacional de Investigação Científica e Tecnológica, 321 p.

ANDRÉ, José Nunes e CORDEIRO, Maria de Fátima Neves (1998) – "Importância do 'Pinhal do Rei' na fixação das areias eólicas". *Seminário Dunas da Zona Costeira de Portugal*, Leiria, Associação Eurocoast de Portugal, p. 3-27.

BIROT, Pierre (1949) – "Les surfaces d'érosion du Portugal central et septentrional". *Rapport de la Commission pour la Cartographie des Surfaces d'Aplanissement* préparé pour le Congrès International de Géographie Lisbonne 1949. Louvain, Bureau du Secrétaire Général, 156 p.

COUDÉ-GAUSSEN, Geneviève (1981) – *Les Serras de Peneda e do Gerês. Étude Géomorphologique*, Lisboa, CEG, Memórias, 5, 255 p. + 42 fotografias e 2 mapas extra-texto.

CUNHA, Lúcio (1990) – *As Serras Calcárias de Condeixa-Sicó-Alvaiázere. Estudo de Geomorfologia*. Coimbra, Instituto Nacional de Investigação Científica, 329 p. + 2 mapas extra-texto.

CUNHA, Pedro Proença (2002) – "Vulnerabilidade e risco resultante da ocupação de uma planície aluvial – o exemplo das cheias do rio Mondego (Portugal central) no Inverno de 2000/2001". *Territorium*, Coimbra, 9, p. 13-35.

DAVEAU, Suzanne (1971) – "La glaciation de la Serra da Estrela". *Finisterra*, Lisboa, CEG, 6 (11), p. 5-40.

FEIO, Mariano (1952) – *A evolução do relevo do Baixo Alentejo e Algarve*. Lisboa, CEG, 186 p., + XXII estampas e 2 figuras extra-texto

FERREIRA, António Brum (1978) – *Planaltos e Montanhas do Norte da Beira*. Lisboa, CEG, Memórias, 4, 374 p. + 1 mapa extra-texto.

FERREIRA, António Brum (1981) – "Manifestações periglaciárias de altitude na ilha da Madeira". *Finisterra*, 16 (32), p. 213-229.

GIRÃO, Amorim (1922) – *Bacia do Vouga. Estudo Geográfico*. Coimbra, Imprensa da Universidade, 190 p.

GIRÃO, Amorim (1958) – *Atlas de Portugal*. Coimbra, IEG, 2ª edição. (1ª edição, Coimbra, 1941).

LOURENÇO, Luciano; NUNES, Adélia; REBELO, Fernando (1994) – "Os grandes incêndios florestais registados em 1993 na fachada costeira ocidental de Portugal Continental". *Territorium*, Coimbra, 1, p.43-61.

LOURENÇO, Luciano (1996) – *Serras de xisto do centro de Portugal. Contribuição para o seu conhecimento geomorfológico e geo-ecológico*. Coimbra, Faculdade de Letras da Universidade de Coimbra, 757 p. (dissertação de doutoramento policopiada).

MARCHAND, Henri (1990) – *Les Forêts Méditerranéennes. Enjeux et Perspectives*. Paris, Economica, Les Fascicules du Plan Bleu, 2, 108 p.

MARQUES, J. Alfeu Sá; MENDES, P. Amado; SANTOS, F. J. Seabra (2005) – "Cheias em áreas urbanas: a zona de intervenção do Programa Polis em Coimbra". *Territorium*, Coimbra, 12, p. 29-53.

MARTINS, Alfredo Fernandes (1940) – *O Esforço do Homem na Bacia do Mondego*. Coimbra, Edição do Autor, 299 p.

MARTINS. Alfredo Fernandes (1949) – *Maciço Calcário Estremenho. Contribuição para um estudo de Geografia Física*. Coimbra, Ed. Autor, 248 p. (Reimpressão: Coimbra, IEG, 1999, com "Prefácio" de Fernando Rebelo)

NUNES, Adélia (2008) – *Abandono do espaço agrícola na 'Beira Transmontana'*. Porto, Campo das Letras e Centro de Estudos Ibéricos, Iberografias, 13, 430 p.

PEDROSA, António de Sousa (1993) – *Serra do Marão. Estudo de Geomorfologia*. Porto, Faculdade de Letras da Universidade do Porto, 478 p. + 1 volume de anexos e 1 volume de mapas (dissertação de doutoramento policopiada).

PEREIRA, Andreia e PEDROSA, António de Sousa (2007) – "Paisagem cultural das montanhas do Noroeste de Portugal: um ciclo de construção, desestruturação e reconversão". *Territorium*, Coimbra, 14, p. 45-61.

QUINTAL, Raimundo (1989) – *Laurissilva. A Floresta da Madeira*. Funchal, Clube de Ecologia Barbusano, 39 p.

QUINTAL, Raimundo (1999) – *Levadas e Veredas da Madeira*. Funchal, Edições Francisco Ribeiro, 2ª edição, 286 p. (1ª edição, Funchal, SRE, 1994)

REBELO, Fernando (1975) – *Serras de Valongo. Estudo de Geomorfologia*. Coimbra, Suplemento de Biblos, 9, 194 p.

REBELO, Fernando (1985) – "Identificação de processos erosivos actuais na parte ocidental da Ilha de S. Miguel (Açores)". *Cadernos de Geografia*, IEG Coimbra, 4, p. 121-139.

REBELO, Fernando (1991) – "Considerações gerais sobre relevo granítico em Portugal". *Cadernos de Geografia,.* 10, p. 521-535.

REBELO, Fernando (1992) – "O relevo de Portugal – Uma introdução". *Inforgeo*, Lisboa, Associação Portuguesa de Geógrafos, 4, p.17-35.

REBELO, Fernando (2007) – "O risco de sedimentação na laguna de Aveiro. Leitura actual de um texto de Amorim Girão (1922)". *Territorium*, Coimbra, 14, p. 63-69.

RIBEIRO, Orlando (1935) – *A Arrábida. Esboço Geográfico*. Lisboa, 89 p. (Reedições: Sesimbra, Câmara Municipal de Sesimbra, 1986, e Fundação Oriente e Câmara Municipal de Sesimbra, 2004).

RIBEIRO, Orlando (1949) – *Le Portugal Central*. Livret-Guide de L'Excursion C, Congrès International de Géographie de Lisbonne 1949, 180 p. Reimpressão: 1982

RIBEIRO, Orlando (1949) – *L'île de Madère*. Livret-guide de l'Excursion à l'île de Madère, Congrès International de Géographie de Lisbonne, 1949. Trad. Port. *A Ilha da Madeira até meados do século xx. Estudo Geográfico*. Lisboa, ICLP, 1985.

RIBEIRO, Orlando (1963) – *Portugal, o Mediterrâneo e o Atlântico*. Lisboa, Livraria Sá da Costa, 2ª edição revista e actualizada, 176 p. + VI mapas (1ª edição, Coimbra, 1945).

RIBEIRO, Orlando; LAUTENSACH, Hermann; DAVEAU, Suzanne (1988) – *Geografia de Portugal. II. O Ritmo Climático e a Paisagem*. Lisboa, Edições João Sá da Costa, p. 337-623.

VIEIRA, Gonçalo Brito Guapo Teles (2004) – *Geomorfologia dos planaltos e altos vales da Serra da Estrela. Ambientes frios do Plistocénico superior e dinâmica actual*. Lisboa, Universidade de Lisboa, 724 p. (dissertação de doutoramento policopiada).

III PARTE

OUTROS ESTUDOS, OUTRAS PAISAGENS

A GEOPOLÍTICA TAMBÉM SE APRENDE NO CAMPO[10]

Resumo rápido de um curriculum brilhante

Alfredo Fernandes Martins nasceu em Coimbra no ano de 1916. Depois de uma rápida passagem por Medicina, ingressou na Faculdade de Letras, no Curso de Ciências Geográficas. Aí se licenciou em 1940, defendendo, então, uma tese a que deu o título de *O Esforço do Homem na Bacia do Mondego*. Por influência do seu Mestre, Doutor Amorim Girão, estudou toda a Bacia Hidrográfica do Rio Mondego e utilizou a metodologia da Geografia Regional.

A sua carreira universitária, todavia, não se desenvolveu com facilidade a partir daí. Os anos 40 levaram-no ao serviço militar obrigatório. Em tempo de II Guerra Mundial, viveu o drama de um possível bombardeamento da cidade de Lisboa. Como oficial miliciano de Artilharia com a especialidade de Artilharia Antiaérea Ligeira, esteve pronto para defender a central térmica, hoje Museu da Electricidade. No *Curriculum Vitae*, que apresentou para discussão em provas públicas para ocupação de uma vaga de Professor Catedrático da Universidade de Coimbra, escreveu, com orgulho, que "...aquando da cedência das bases dos Açores às Potências Aliadas (Outubro de 1943) e na situação de emergência assim definida, foi o comandante, oferecido voluntariamente, da posição de artilharia postada no Cais da Junqueira (Lisboa)".

---

[10] Texto revisto e aumentado, com ilustração, do artigo de REBELO, Fernando (2008) – "Alfredo Fernandes Martins (1916-1982). Um geógrafo português que gostava e fazia gostar de Geopolítica". *Geopolítica*, 2, 2008, p. 291-305.

No entanto, ainda durante esse tempo de guerra, com as enormes dificuldades criadas pelo racionamento de bens essenciais e com os elevados preços da gasolina, andando de táxi, mas também a pé ou de burro, Fernandes Martins fez grande parte do trabalho de campo necessário para a elaboração da sua tese de doutoramento, que intitulou *Maciço Calcário Estremenho. Contribuição para um estudo de Geografia Física*, e defendeu em 1949 (F. REBELO, 2008).

A tese de doutoramento correspondeu a um marco fundamental na sua carreira. A partir daí, todos passaram a considerá-lo como Geógrafo Físico. A maioria das disciplinas que leccionava era da área da Geografia Física. Outras disciplinas, como Geografia de Portugal ou Geografia das Regiões Tropicais, tinham nas suas aulas uma forte componente de Geografia Física. Todavia, a sua tradução do livro *Princípios de Geografia Humana*, de Vidal de La Blache, ficou, também, como marco importante da sua carreira, muito particularmente pelo texto que lhe antepôs – "À Guisa de Prefácio" – e pelas ilustrações e notas que lhe acrescentou.

Ao longo de 40 anos de ensino universitário, Fernandes Martins dedicou-se mais à Geografia Física, mas leccionava Geografia Humana com o mesmo gosto e a mesma entrega. E nas suas aulas de Geografia Humana, frequentadas tanto por alunos de Geografia, por obrigação, como por alunos de História ou de Filologia, por opção, havia sempre referências a questões de Geopolítica.

Para a época em que viveu, Fernandes Martins viajou muito. Em primeiro lugar, viajou pelo país que mais apreciava – Portugal. Mas gostava das regiões tropicais. Viajou pelo Brasil e por Angola, mas também por Moçambique, onde fez alguns estudos. Antes, porém, uma viagem de trabalho, de que muito falava, tinha-o levado ao Iraque e à Síria, permitindo-lhe ainda conhecer a Itália, a Grécia, o Líbano e o Egipto.

Fot. 42– Alfredo Fernandes Martins (1916-1982) e o Autor, em julho de 1982, numa excursão do Curso de Férias de Língua e Cultura Portuguesas para Estrangeiros da Faculdade de Letras da Universidade de Coimbra. Fotografia oferecida por um aluno.

A vivência de certas situações no interior de alguns destes territórios ou na passagem de fronteiras entre eles, lado a lado com os profundos conhecimentos de História que adquirira e continuava a aprofundar, levavam-no a reflexões que poderiam surgir nas aulas ou em alguns dos seus trabalhos, mas que, acima de tudo, surgiam com frequência nas conversas com colegas e alunos, fosse nos corredores da Faculdade, fosse à hora do jantar durante as viagens de estudo, de três dias ou mais, que dirigia todos os anos. Aí se aprendia muito com Fernandes Martins.

Os livros, a experiência de campo e a reflexão

Arthur Dix e Jacques Ancel eram nomes que referia frequentemente. Quando da sua morte, verificámos que a *Geografia Política*, do primeiro, na tradução castelhana de L. Martin Echevarría, publicada pela Editorial

Labor, S.A., de Barcelona, em 1929, e a *Géopolitique*, do segundo, na sua quinta edição, de 1938, publicada pela Librairie Delagrave, de Paris, dois anos depois da primeira edição, faziam parte do espólio bibliográfico oferecido pelos seus filhos ao Instituto de Estudos Geográficos da Faculdade de Letras da Universidade de Coimbra.

Arthur Dix era considerado um dos discípulos de Ratzel, com trabalhos publicados na Alemanha já durante a I Guerra Mundial. Jacques Ancel, poderá considerar-se discípulo de Vidal de La Blache e publicara, pelo menos, uma dezena de trabalhos sobre a matéria entre 1919 e 1936.

A *Géopolitique* de Jacques Ancel era bastante referida por Fernandes Martins, talvez porque representasse uma linha possibilista, mais próxima das ideias de Vidal de La Blache, do que do determinismo de Ratzel. André Meynier, na sua *Histoire de la Pensée Géographique en France* (A. MEYNIER, 1969) veio a dizer algo que, por outras palavras, ouvi por várias vezes da boca de Fernandes Martins: "Jacques Ancel tenta desenhar uma geografia política imparcial, que supõe um igual domínio da geografia física, (da geografia) humana, da história, da evolução política. Ele investigou donde derivavam as nossas nações atuais que parecem tão inevitáveis, tão imodificáveis, tão garantidas na sua existência por tratados internacionais, enquanto a história nos mostra a dificuldade que têm tido em se constituírem". Ao longo de toda a sua *Géopolitique*, Jacques Ancel falava em nações e o seu IV Capítulo intitulava-se, mesmo, "A Nação. Princípio territorial? Princípio psicológico?"

Anos depois, Pierre George, um famoso professor francês conhecido de Fernandes Martins, escreveu no seu *Dictionnaire de la Géographie* (P. GEORGE, 1974) que a Geopolítica é o "estudo das relações entre os fatores geográficos e as ações ou situações políticas", dando como exemplos concretos a "geopolítica das fronteiras, das capitais de Estado, (e) das relações de forças entre Estados ou entre grupos nacionais ou étnicos no interior dos Estados".

Fernandes Martins falava de Nações e falava de Estados. Para ele, umas e outros não eram a mesma coisa. A distinção entre Nações e Estados era algo que discutia, apresentando numerosos exemplos concretos – Nações divididas por dois ou mais Estados, dando exemplos africanos, Estados incluindo diversas Nações, referindo conhecidos exemplos europeus, e Nações que correspondem a Estados, salientando sempre o exemplo português.

Estabelecendo ligações com essa problemática, ou independentemente dela, falava muito também de fronteiras e das guerras que as colocavam em movimento. Refutava com veemência a teoria do espaço vital. Se uma Nação tinha nascido no interior de um continente, qual a sua legitimidade para criar um Estado que englobasse outras Nações com a desculpa de que tinha direito a uma saída para o mar? Por outro lado, a sua recusa da noção de fronteira natural era baseada em múltiplos casos, mais ou menos conhecidos, dos seus interlocutores ou simplesmente ouvintes. Um rio, salvo raras exceções, não constituía uma fronteira natural. Se era fronteira, a explicação teria de ser encontrada na História. Por tudo isso, problemas políticos e económicos entre Estados levavam-no, também, a falar muito de fronteiras de tensão, fronteiras que não eram linhas rígidas, como as que se vêem nos mapas, mas áreas ou espaços fronteiriços.

Fronteiras de tensão

Será que todas estas questões de Geopolítica, que preocupavam Fernandes Martins, correspondem definitivamente ao passado, sendo, apenas, objeto de estudo da História? Ou ainda há casos suficientes pelo mundo para serem estudados pela Geografia?

Vejamos.

Embora casos como os que vivi em agosto de 1984 na fronteira entre a Irlanda do Norte e a República da Irlanda possam estar agora ultrapassados, muitos outros, em plena União Europeia, ainda não estão.

As tropas inglesas acabaram por sair da Irlanda do Norte e espera-se que não irão repetir-se as situações de estradas próximas da fronteira cortadas por militares de camuflado e armados em conformidade, controlando identidades. Numa situação destas, a sul de Belfast, em viagem de estudo e também de férias, com a família, estive na mira de uma espingarda automática até parar e explicar que, como comprovava com o bilhete do "ferry boat", tinha chegado a Larne no dia anterior e teria de regressar daí a três dias ao mesmo porto, para embarcar de novo em direção a Stranraer, na Escócia. Tínhamos ido ver a Calçada do Gigante ("Giant's Causeway"), no Condado de Antrim, tínhamos passado por Belfast, onde só nos detivemos para visitar o Museu dos Transportes, e, naquele momento, viajávamos até Dublin. Tudo muito bem explicado a um simpático tenente inglês, enquanto uma senhora, igualmente fardada, com o nosso passaporte familiar nas mãos, comunicava com alguém através de um velho telefone de campanha. Minutos mais tarde, na fronteira de Newry, a 10 km à hora, vendo a indicação de que não era permitido tirar fotografias, éramos observados por atiradores, com metralhadoras ligeiras, instalados no cimo de uma torre de controlo.

Fernandes Martins já tinha falecido e não lhe pude contar como senti essa fronteira de tensão, fronteira que não estava representada nos mapas da Irlanda, que me haviam sido oferecidos pela Embaixada da República da Irlanda em Lisboa. Para os irlandeses, a Irlanda era toda aquela ilha – não existia fronteira com o Estado da Irlanda do Norte, que nem sequer estava indicado como tal. Com o pouco que sabia de Geopolítica era fácil concluir que estava perante dois Estados para uma só Nação. Terá sido uma conclusão precipitada? No dia seguinte, em Dublin, na O'Connell Street, pude ler, no pedestal do monumento a Charles Stewart Parnell, uma declaração impressionante: "No man has a right to fix the boundary to the march of a nation, no man has a right to say to his country thus far shall thou go and no further we have never attempted to fix the *ne plus ultra* to the progress of Ireland's nationhood and we never shall". Em agosto de 2006, voltei a Dublin, li de novo a frase e fotografei o monumento (fot. 43).

Será que os políticos resolveram por completo o problema? Será que a fronteira de tensão não poderá regressar a qualquer momento?

Bem mais perto de nós, há uma fronteira de tensão de que nem sempre nos apercebemos – a fronteira franco-espanhola do País Basco.

Ainda em 2007, quando, em início de férias, por lá passei, não havia polícias nos antigos postos fronteiriços da área de Irun, mas antes, naquela manhã de terça-feira, 31 de julho, havia Guardia Civil fortemente armada a observar com atenção o tráfego no lado espanhol. As filas de viaturas eram enormes na auto-estrada e sair para a cidade não resolvia o problema. A passagem intermédia parecia a melhor, mas o problema era quase o mesmo; passar a fronteira demorou perto de uma hora. De repente, a situação fez-me lembrar uma passagem que fiz, por fins de agosto de 1983, de França para Espanha, mais concretamente, de Lourdes para Pamplona, através de um posto fronteiriço pouco utilizado – o Porto de Larrau. Atravessado o túnel que separava os dois países, parei extasiado com a diferença radical das paisagens. De uma paisagem bastante arborizada voltada para norte passei a uma ampla paisagem sem árvores voltada para sul. A alguns quilómetros de distância estava o posto fronteiriço espanhol. Tinha parado na vulgarmente chamada "terra de ninguém". Quando cheguei ao posto deparei com três soldados em camuflado, cada qual apontando a sua espingarda automática para a minha cabeça. Um oficial, vestindo fato de treino azul, mandou-me sair e abrir a mala do carro. Aberta a mala, atirou-se pura e simplesmente com as duas mãos para cima das malas e do material de campismo de uma pacata família de dois adultos e três jovens, como se ainda houvesse espaço para lá esconder algum elemento perigoso.

Fot. 43 – O'Connell Street, centro de Dublin – monumento a Charles Stewart Parnell. Foto: F. Rebelo, 2006.

A Comunidade Europeia recebeu Portugal e Espanha em 1986. E a nossa única fronteira terrestre, que tantas vezes tinha sido uma fronteira de tensão, deixou de o ser. Fernandes Martins também já não assistiu a esta mudança. Falámos de várias situações de tensão vividas por um e por outro em Vilar Formoso, por exemplo, em 1971, no dia em que, juntos, numa viagem de estudo de uma semana a Espanha, com alunos finalistas de Geografia, tivemos de mostrar os passaportes e eu, também, a autorização militar, atendendo a que, embora já tivesse cumprido mais de 3 anos de serviço militar, ainda poderia ser chamado de novo. Ele tinha más recordações daquele posto fronteiriço. Mais tarde, em Maio de 1993, num outro posto fronteiriço, vim a sentir ainda alguma tensão apesar de passados sete anos desde a integração dos dois países na União Europeia. Foi no Caia. Já não se tratava de verificação de identidades. Tratava-se de verificação alfandegária. Porquê? Alguém informara alguém de que eu estava a regressar de Marrocos. E mesmo no fim de uma viagem oficial, tive de parar, abrir a mala do carro e mostrar as malas de mão que lá estavam. Ao entrar na União Europeia, em Algeciras, a polícia espanhola, que perdera muito tempo com uma carrinha marroquina a circular à minha frente, não fizera questão de ver fosse o que fosse, bem ao contrário do que já me tinha feito, uns anos antes, numa passagem de Gibraltar para La Línea.

Não pensemos, todavia, que estes procedimentos, que podem revelar a existência de uma fronteira de tensão, têm tendência para terminar. No primeiro dia de janeiro de 2007, a União Europeia recebeu a Roménia e a Bulgária. Ainda em agosto desse ano, na passagem da Hungria para a Roménia, além da verificação de identidades, os documentos da viatura tinham de ser mostrados para confirmação das chapas de matrícula e as malas tinham de ser abertas – apesar das indicações de corredores de passagem para veículos de cidadãos da União Europeia não me pareceu que houvesse grande diferença de tratamento.

A tensão continua a existir, mas compreende-se – nuns casos tratar-se-á de problemas de passagem de droga, noutros casos tratar-se-á de problemas de passagem de carros roubados.

Mas há outros motivos para que continuem a existir fronteiras de tensão no interior da União Europeia.

Por exemplo, ao passar da Roménia para a Bulgária, a 13 de agosto de 2007, pelo posto fronteiriço mais oriental dos dois países, perto do Mar Negro, apenas tive de mostrar o passaporte na Roménia; na Bulgária, só me esperava a venda da chamada "vinheta" para circular nas estradas búlgaras, aliás virtual, porque apenas fiquei com um recibo correspondente aos 5 euros que paguei. Bem diferente, foi, no regresso (17 de agosto), a passagem da Bulgária para a Roménia na fronteira ocidental, danubiana (fot. 44), entre Vidin (Bulgária) e Calafat (Roménia). Verificadas as identidades e mostrada a mala do carro, pagos os então 23 euros da passagem em "ferry-boat", iniciou-se a travessia de 20 minutos. Com a vida um pouco mais barata na Bulgária do que na Roménia, eram várias as pessoas que traziam produtos alimentares e outros. A chegada à Roménia ficou desde logo marcada pelo pagamento de 10 euros de uma estranhamente chamada "taxa de bordo" e de apenas 2 euros para uma vinheta que me permitiria viajar pelas estradas do país. Mas, logo a seguir, esperava-nos uma demorada verificação de identidades e uma cuidadosa observação da mala do carro. Nenhuma objeção quanto aos pagamentos. Também se paga portagem para passar as pontes e túneis entre a Dinamarca e a Suécia. Também se pagam vinhetas para circular nas auto-estradas da Áustria e da Hungria. Mas o resto já não é vulgar nas outras fronteiras. Problemas de contrabando? Os naturais não tiveram estes problemas – apenas os estrangeiros, na ocasião, um casal de ingleses e um casal de portugueses que viajavam nas duas únicas viaturas ligeiras que não tinham matrícula romena, nem búlgara... A abertura das malas dos carros e a sua cuidadosa observação não teriam ficado a dever-se ao facto desta fronteira estar muito próxima da Sérvia, por estrada apenas a 44 km? Que era uma fronteira de tensão, não duvido, era mesmo.

Fot. 44 – Rio Danúbio como fronteira entre Bulgária e Roménia – Calafat vista do cais de Vidin. Foto: F. Rebelo, 2007.

Geografia das Regiões Tropicais e Geopolítica

Em 1950/51, conforme explica no seu *Curriculum Vitae* (1970), Fernandes Martins iniciou a regência teórica de uma disciplina chamada Geografia Colonial Portuguesa. Já nessa altura conhecia bem a *Géographie et Colonisation*, de Georges Hardy (1933). Na realidade, publicara uns anos antes um artigo que intitulara "Alguns reparos à classificação de colónias proposta por Hardy" (1943). Por ser um dos seus trabalhos menos conhecidos, achei por bem publicá-lo, com o acordo dos seus filhos e dos meus colegas do Instituto de Estudos Geográficos de Coimbra, quando, em 1983 e em sua homenagem, publicámos o primeiro número da revista *Cadernos de Geografia*.

Ao escrever os ditos "reparos", Fernandes Martins ainda não conhecia o Brasil, Angola e Moçambique, a não ser pelo estudo da bibliografia existente, muito mais histórica do que geográfica. Também só desta maneira conhecia Cabo Verde e São Tomé e Príncipe. Por isso, é forçoso salientar esse trabalho. Fernandes Martins começou por referir os três grandes tipos de colónias segundo a classificação de Hardy – colónias de enraizamento (divididas em quatro subtipos – substituição, tropicalização, repovoamento e associação), colónias de enquadramento e colónias de posição ou ligação.

Os seus "reparos" começam logo pela escolha do termo "tropicalização", na medida em que, correspondendo à adaptação dos colonizadores a condições mesológicas diferentes das suas, se verifica que houve no mundo adaptações do mesmo género que não se podem definir como tropicais. Além de que, nos trópicos, se encontram vários tipos de colonização, sendo que a verdadeira adaptação às regiões tropicais só teve êxito nas áreas planálticas. De uma maneira geral, a seu ver, a adaptação fez-se mais ao ambiente social e conduziu à mestiçagem. Apresenta sobre isso um pequeno texto de Josué de Castro e dois grandes textos de Jaime Cortesão sobre o que se passou no Brasil desde a chegada dos primeiros colonizadores. A proposta de Fernandes Martins é que se suprima "o segundo caso das colónias de enraizamento, tendo em vista, como o fez o Prof. Josué de Castro, que afinal a América Andina e o Brasil se podem considerar como um caso de associação".

Um outro "reparo" liga-se à dificuldade de encontrar um tipo onde se possam "incluir os arquipélagos portugueses do Atlântico". Fernandes Martins debruça-se sobre os arquipélagos da Madeira e dos Açores. Diz que "a colonização dos dois arquipélagos é indubitavelmente um caso de enraizamento", mas adianta logo que "nada tem de comum com qualquer dos quatro casos expostos por Hardy, nos quais se tem de entrar em linha de conta com uma população indígena anterior à chegada dos colonizadores, circunstância que não se verifica nem na Madeira nem nos Açores".

Seguidamente, Fernandes Martins discute o caso das ilhas de Cabo Verde e das ilhas de São Tomé e do Príncipe, "colonizadas", igualmente, a partir do zero. Refere diversos autores, entre os quais Oliveira Martins, para apresentar o modo como se processou a colonização destes territórios. Recusa uma classificação de repovoamento, utilizada por Hardy para as ilhas de Cabo Verde, até porque, diz, "repovoamento implica povoamento anterior". Por outro lado, São Tomé não lhe parecia que pudesse ser considerada uma colónia de enquadramento. Cabo Verde e S. Tomé chegaram a desempenhar funções de apoio a grandes viagens oceânicas, pelo que poderiam caber no tipo das colónias de posição ou de ligação. No entanto, nem nos séculos XV, XVI e XVII isso lhe parecia ter sido o mais relevante – as produções agrícolas existiam e eram importantes. Para todas as ilhas atlânticas ocupadas pelos portugueses, Fernandes Martins propôs um subtipo novo no âmbito da colonização de enraizamento – o de povoamento primordial, não previsto por Hardy, sendo "Madeira e Açores – povoamento europeu; Cabo Verde, São Tomé e Príncipe – povoamento misto".

A Geopolítica nunca é referida neste trabalho de Fernandes Martins. Mas ela está intrínseca em todos os raciocínios apresentados. Que motivos levaram os portugueses a ocuparem ilhas tão agrestes como os Açores, onde o risco vulcânico e o risco sísmico eram bem mais presentes do que agora, como mostrou João Marinho dos Santos na sua tese de doutoramento (J. M. SANTOS, 1990)? E mesmo a Madeira, tão agreste na sua topografia e no século XV também no seu clima quente e seco, com manifestações do risco de incêndio bem superiores às de hoje, como mostrou, também na sua tese de doutoramento Azevedo e Silva (J. M. A. SILVA, 1995)? Que motivos levaram os portugueses a ocuparem ilhas tão agrestes em termos de secura tropical, com riscos de secas prolongadas, às vezes, durante anos seguidos, como as de Cabo Verde? Na sua tese de doutoramento sobre a Ilha de Santiago, Ilídio do Amaral (I. AMARAL, 1964) escreveu que "o clima das ilhas goza de reputação má, de temperaturas elevadas todo o ano, com chuvas concentradas num curto espaço de tempo, mas pior do que isso, faltando muitas vezes, o que põe em perigo as colheitas, os gados e os homens" (p. 23). Que motivos levaram os portugueses a ocuparem quase só o litoral de Angola, ao mesmo tempo que penetravam em bandeiras (fot. 45) pelo interior do Brasil? Os tipos de colonização que, no século XX, preocuparam Georges Hardy e Fernandes Martins resultaram muitas vezes de circunstâncias impostas por questões geopolíticas que se sucederam a partir do século XV.

Fot. 45 – Florianópolis (Capital do Estado de Santa Catarina, Brasil): monumento evocativo do bandeirante de São Vicente (Santos), Francisco Dias Velho. Foto: F. Rebelo, 2005.

Fernandes Martins só viajou até ao Brasil 26 anos depois de escrever o artigo com os seus reparos à classificação de colónias proposta por Georges Hardy. E só 2 anos depois de ter estado no Brasil foi a Moçambique e a Angola. Todas as observações que fez, sobre as quais muito dissertou com alunos e colegas, apenas vieram dar força ao que escrevera.

A existência de diferentes tipos de colonização no mundo tropical, que não o da "tropicalização" de Hardy, também tive a oportunidade de confirmar numa viagem de estudo por Angola magistralmente organizada e dirigida por Ilídio de Amaral, em 1969. Como era interessante, no mesmo dia, de manhã, estar num território ocupado esmagadoramente por um povo de determinada etnia, falando a sua língua, mostrando as suas casas e terrenos de cultivo, e, à tarde, estar a poucos quilómetros de distância, num outro espaço ocupado esmagadoramente por outro povo, falando outra língua, mostrando outro aspeto físico, outros tipos de casas, outros costumes. E se não era no mesmo dia, podia ser em dias seguidos. A diversidade de tipos de colonização saltava à vista, tanto quanto a diversidade paisagística (fots. 46 a 49). De comum, pouco mais havia do que um intérprete a falar português...

Fot. 46 – Fazenda ligada à produção de café – proximidades de
Ndalatando (antiga Cidade Salazar). Foto: F. Rebelo, 1969.

Fot. 47 – Fazenda de grandes dimensões nas proximidades de Huambo
(antiga Nova Lisboa). Foto: F. Rebelo, 1969.

Fot. 48 – Mulheres batendo milho num "quimbo" próximo de Huambo
(antiga Nova Lisboa). Foto: F. Rebelo, 1969.

Fot. 49 – Ilídio do Amaral fotografando mulher que preparava farinha
num aldeamento perto de Quibala. Foto: F. Rebelo, 1969.

Completamente oposta foi a experiência das observações que realizei no Brasil entre 1996 e 2005. Como escrevi nas "Palavras introdutórias" do livro que sobre elas publiquei em 2006 (*Viagens pelo Brasil. Impressões de um Geógrafo, Memórias de um Reitor*), "creio que fica bem clara a enorme dimensão física e humana de um país que nos é muito querido, um país à escala continental, quase tão grande como toda a Europa, com inúmeros contrastes, mas com uma só língua" (p. 18).

Também no Brasil pude verificar o que Fernandes Martins dizia sobre a variedade de situações de colonização nos trópicos. E isso tinha uma ligação indubitável com questões geopolíticas existentes séculos atrás, que os historiadores têm vindo a desvendar ao longo do tempo, não deixando de nos surpreender com novos estudos. Por exemplo, Azevedo e Silva explicou como se processou a saída dos portugueses de Mazagão (J. M. A. SILVA, 2007) – "A população da praça luso-marroquina de Mazagão (fots. 50 e 51) foi evacuada para Belém do Tejo, embarcada compulsivamente para Belém do Pará, donde passará para a outra margem do Amazonas a fundar Vila Nova de Mazagão" (p. 72). "O rei mandou evacuar toda a população para Lisboa, em 11 de Março de 1769" (p. 31) .... "entre Março e Setembro de 1769, os mazaganistas ficaram alojados e mantidos por conta da fazenda Real" (p. 33); foram "embarcados em Belém do Tejo, em 15 de Setembro de 1769, rumo a Belém do Pará, onde desembarcaram entre 1 e 14 de Janeiro de 1770" (p. 35). Pelos cálculos do Autor, teriam ido cerca de 2000 pessoas e "no Verão de 1771, a edificação da nova vila estava em curso" (p. 47). Azevedo e Silva está convencido de que "na sequência do Tratado de Madrid, assinado em 13 de Janeiro de 1750, definidor das fronteiras da colónia da América, o gabinete josefino elegeu o Brasil como a grande prioridade no âmbito da sua política ultramarina, particularmente a vastíssima região amazónica", considerando que "é neste contexto que se deve procurar entender a decisão régia do abandono da praça (...) de Mazagão" (p. 31).

Fot. 50 – El Jadida (Marrocos): portas da "cité portugaise" (Mazagão).
Foto: F. Rebelo, 1990.

Fot. 51 – El Jadida (Marrocos): vista parcial da "cité portugaise"
(Mazagão). Foto: F. Rebelo, 1990.

Concluindo

Os estudos de Geopolítica podem e devem fazer-se com a análise de casos atuais. No entanto, estas reflexões resultantes de observações de terreno e leituras de trabalhos científicos assentam numa mais ou menos longa evolução histórica. As bases físicas são importantes, mas não são determinantes. As bases culturais, aí compreendidas, em primeiro lugar, a língua e os costumes comuns, não deixaram de pesar para a compreensão dos factos geopolíticos. Apesar da tão "apregoada" globalização, as diferenças entre os povos continuam e continuarão a existir. E as fronteiras, também. A Geografia procura explicar a localização dos factos físicos e dos factos humanos. A Geopolítica, se não é exatamente um ramo da Geografia, relaciona-se profundamente com ela, tem com ela muitos pontos de contacto.

Alfredo Fernandes Martins, que foi um dos mais importantes geógrafos portugueses do século XX, era um geógrafo completo. Por isso mesmo, gostava muito de Geopolítica.

Referências bibliográficas

AMARAL, Ilídio do (1964) – *Santiago de Cabo Verde. A Terra e os Homens.* Lisboa, Memórias da Junta de Investigações do Ultramar, 48, 444 p.

ANCEL, Jacques (1938) – *Géopolitique.* Paris, Librairie Delagrave, Bibliothèque d'Histoire et de Politique, 5ème édition, 120 p.

DIX, Arthur (1929) – *Geografia Política.* Barcelona, Editorial Labor, S.A., Colección Labor, 198 p.

GEORGE, Pierre (1974) – *Dictionnaire de la Géographie.* Paris, PUF, 2 ème édition, 451 p.

La BLACHE, Vidal de (1921) – *Princípios de Geografia Humana.* Tradução, Prefácio, Notas e Ilustração por MARTINS, Alfredo Fernandes. Lisboa, Cosmos, Colecção "A Marcha da Humanidade", 1ª ed., 1946, 2ª ed., 1954, 390 p.

MARTINS, Alfredo Fernandes (1940) – *O Esforço do Homem na Bacia do Mondego.* Coimbra, ed. Autor, 299 p.

MARTINS, Alfredo Fernandes (1941/43) – "Alguns reparos à classificação de colónias proposta por Hardy". *Boletim do Instituto de Estudos Franceses*, Coimbra, p. 197-208. Reimpressão: *Cadernos de Geografia*, Coimbra, 1, 1983, p. 7-24.

MARTINS, Alfredo Fernandes (1949) – *Maciço Calcário Estremenho. Contribuição para um estudo de Geografia Física.* Coimbra, ed. Autor, 248 p. (reimpressão: Coimbra, Instituto de Estudos Geográficos, 1999).

MARTINS, Alfredo Fernandes (1970) – *Curriculum Vitae*. Coimbra, Ed. Autor, 17 p.

MEYNIER, André (1969) – *Histoire de la Pensée Géographique en France*. Paris, PUF, Collection SUP, 224 p.

REBELO, Fernando (2006) – *Viagens pelo Brasil. Impressões de um Geógrafo, Memórias de um Reitor*. Coimbra, Ed. MinervaCoimbra, 191 p.

REBELO, Fernando (2008) – *A Geografia Física de Portugal na Vida e Obra de Quatro Professores Universitários. Amorim Girão – Orlando Ribeiro – Fernandes Martins – Pereira de Oliveira*. Coimbra, Ed. MinervaCoimbra, 109 p. + anexo fotográfico.

SANTOS, João Marinho dos (1990) – *Os Açores nos sécs. XV e XVI*. Ponta Delgada, SREC, 2 vols. 740 p.

SILVA, José Manuel Azevedo e (1995) – *A Madeira e a Construção do Mundo Atlântico*. Funchal, Centro de Estudos de História do Atlântico, 2 vols., 1086 p.

SILVA, José Manuel Azevedo e (2007) – *Mazagão. Uma cidade luso-marroquina deportada para a Amazónia*. Viseu, Palimage Editores, 403 p.

A PROPÓSITO DAS RELAÇÕES ENTRE PORTUGAL, ÁFRICA OCIDENTAL E BRASIL[11]

Olhar de um geógrafo sobre as origens de um povo e seu país

Nas suas origens mais longínquas, a população portuguesa tem uma base pré-histórica bem documentada em pinturas rupestres, instrumentos líticos e monumentos megalíticos diversos, à semelhança do que acontece com outros povos europeus. Nos finais do século XX, por exemplo, discutiu--se muito a datação das gravuras rupestres descobertas nas vertentes do tramo final do Rio Côa, afluente do Douro (F. REBELO e A. M. Rochette CORDEIRO, 1997). Aceites como do Paleolítico, elas provam que, no interior do país, tal como já era conhecido em locais próximos do litoral, havia seres humanos contemporâneos dos que, no território da França, deixaram as pinturas rupestres de Lascaux. Estava-se então numa época de ligeiro aquecimento, antes do frio intenso que levou os glaciares da Serra da Estrela ao máximo da sua importância há uns 20000 anos atrás. Estes glaciares desapareceram totalmente com o forte aquecimento verificado no sul da Europa há cerca de 10000 anos. Os povos pré-históricos expandiram-se pela maior parte do território que é hoje Portugal. De há 4 ou 5000 anos existem diversos monumentos megalíticos, entre os quais

---

11 Texto revisto e aumentado, com ilustração, a partir do artigo de REBELO, Fernando (2011) – "Portugal, África Ocidental e Brasil. Breves reflexões sobre História, Geografia e Antropologia num contexto de mudanças climáticas". *Geopolítica. Revista do Centro Português de Geopolítica*, 4, p. 113-128. Este trabalho teve como ponto de partida a conferência, com esse mesmo título, que proferi na Universidade do Estado da Bahia (UNEB), *campus* de Santo António de Jesus, na sessão de abertura do Curso de Mestrado em História Moderna e Contemporânea, a 14 de abril de 2008.

se poderá destacar o "cromelech" de Almendros (Guadalupe, Évora), sem dúvida, um dos mais admirados (fot. 52).

A primeira invasão celta terá ocorrido no séc. IX a.C.; a segunda, a maior, ocorreu no séc. VI a.C. (J. L.VASCONCELOS, 1958), em tempos que se pensa terem sido frios (J. CHALINE, 1985), mas que já o não foram suficientemente para o regresso dos glaciares às nossas montanhas.

Povos resultantes dos contactos entre os autóctones e os celtas, e, provavelmente, também com povos do sul, os iberos, começam depois a estabelecer relações com povos do Mediterrâneo, tais como fenícios, gregos e cartagineses, que passavam o Estreito de Gibraltar e se aventuravam pelo Oceano Atlântico sob um clima temperado, que seria já relativamente quente.

É num contexto de aquecimento climático que os romanos avançam sobre a extremidade ocidental da Península Ibérica, aí encontrando uma forte resistência dos guerreiros lusitanos (séculos II a.C.- I d.C.). Instalados em toda a Península durante cerca de 5 séculos, os romanos deram-lhe muita da sua cultura – cidades, vias de comunicação, grandes "villae" (latifúndios), mas principalmente uma língua e, a partir do século III, também uma religião nova – a religião cristã (fot. 53).

O clima na Europa, todavia, acabou por se ir modificando e o frio instalou-se. Foi fácil para Suevos e Visigodos, em pleno século V, destruir estradas, aquedutos e canalizações, arrasar cidades, derrotar exércitos. Mas a civilização romana era tão forte que os exércitos invasores acabaram por aprender a língua local e aceitar a religião do povo conquistado, num caso raro de aculturação. Outras tribos germânicas vieram, mas o resultado final foi o mesmo. E definiram-se reinos cristãos.

Fot. 52 – "Cromlech" de Almendros, Guadalupe, Évora.
Foto: Maria de Lourdes Rebelo, 2007.

Fot. 53 – Templo paleocristão nas ruínas romanas de Milreu, Estói, Faro.
Foto: F. Rebelo, 2013.

Entretanto, o aquecimento climático da Europa Ocidental, iniciado pelo século VIII, coincide com a vinda para norte de exércitos de religião muçulmana. A metade sul do território hoje português, plana na sua esmagadora maioria, foi rapidamente ocupada. O noroeste, montanhoso, e o nordeste, planáltico, parecem ter sido mais difíceis de ocupar. Os topónimos de origem árabe, que abundam no centro e no sul de Portugal, são mais raros no norte, embora as lendas sobre "moiras encantadas" existam um pouco por todo o lado. Vulgarmente chamados mouros, os muçulmanos eram, também, árabes e berberes.

A Reconquista cristã iniciou-se pouco tempo depois e, no século X, Guimarães já existia. A poderosa condessa Mumadona, que aí fundou um Mosteiro sob a invocação de São Mamede, mandou depois construir um castelo, já não para se defender dos "mouros", empurrados progressivamente até ao Mondego, mas para se defender dos vikings. Os tempos eram quentes e os vikings viajavam por todo o Atlântico Norte, tendo mesmo povoado a Gronelândia. Os glaciares da grande ilha desapareceram, logo, não havendo "icebergs", um deles, Leif Erikson, filho de Eric, o Vermelho, conseguiu chegar à América do Norte (J. CHALINE, 1985).

No século XI, o Reino de Leão, incluindo a Galiza, vinha já até ao Mondego. Coimbra era a última grande cidade reconquistada e o Condado Portucalense estava definido. Com espírito de cruzada para expulsar os muçulmanos de uma terra que era cristã desde o século III, foram muitos os povos da Europa do Norte que vieram ajudar o Reino de Leão. No território hoje português circulavam guerreiros das mais variadas proveniências. As ajudas do Conde Henrique da Borgonha, por exemplo, foram premiadas pelo Rei – casamento com uma das filhas, Dona Teresa, e entrega do Condado Portucalense. Desse casamento nasceu Afonso Henriques, que era muito jovem quando, já órfão de pai, declarou a independência de Portugal. Para este grande acontecimento aceita-se, oficialmente, o ano de 1140.

O clima do território mantinha-se quente, mas talvez já um pouco menos do que antes. Os franceses continuavam a ajudar. Os monges de Cister conquistavam espaços no centro litoral a sul do Mondego. Com a cedência do Couto de Alcobaça pelo jovem Rei, os monges desenvolveram a agricultura, em especial, a fruticultura. Os templários, comandados por um português, Gualdim Pais, avançavam igualmente para sul e fundavam castelos e povoações, como foi o caso de Tomar. O próprio D. Afonso Henriques estava à frente dos seus exércitos nas tomadas de Santarém e de Lisboa (1147). Negociou a permanência da população entre a qual encontrou, além de muçulmanos, também judeus (J. L. VASCONCELOS, 1958).

O avanço para Sul fez-se mais pelo interior do que pelo litoral, como que definindo a futura fronteira, mas certamente tentando dificultar ou mesmo impedir abastecimentos por terra. Será, todavia, necessário esperar um século para que Afonso III, bisneto do primeiro Rei, consiga terminar a conquista do Algarve (1249-1250). Os tempos estavam de novo frios e os vikings já tinham abandonado a Gronelândia (J. CHALINE, 1985). Os ventos do Atlântico não seriam fáceis de vencer pelos marinheiros muçulmanos que traziam os homens, as armas e parte dos mantimentos para os que continuavam na extremidade sul do território português.

No entanto, só quase 50 anos depois, no tempo de D. Dinis, com a troca de algumas povoações, Portugal viu as suas fronteiras reconhecidas por Castela (Tratado de Alcanices – 1297). As nossas fronteiras, as mais antigas fronteiras da Europa, foram, efectivamente estabelecidas com Castela, entretanto fundida com Leão. A Espanha que hoje conhecemos só começa cerca de 200 anos depois, com a ligação entre Castela e Aragão, seguida da integração dos territórios muçulmanos da Andaluzia (queda de Granada – 1492).

Dentro daquelas fronteiras, praticamente as atuais, estava um povo vincadamente europeu, resultante de longas e profundas misturas físicas e culturais, inclusive com povos do norte de África.

De Portugal ao Brasil, quase um século de descobertas

É voz corrente que a conquista de Ceuta em 1415 foi o início da expansão ultramarina portuguesa. Na realidade, não parece que essa ação militar, comandada pelo próprio Rei D. João I, possa ser entendida apenas como uma simples expansão do território. A partida dos barcos para Ceuta fez-se da cidade do Porto (fot. 54) com um espírito claramente de cruzada (J. M. P. OLIVEIRA, 1961). Ceuta era e é um porto do Mediterrâneo na costa africana (fot. 55). A expansão não iria fazer-se por aí. No entanto, não estando ainda numa paz duradoura com Castela, conquistando Ceuta, Portugal iria impedir alguns dos abastecimentos habituais para os muçulmanos de Granada, tornando-os mais vulneráveis à pressão castelhana por terra. Ao mesmo tempo, a presença portuguesa em Ceuta tornava mais seguras as rotas comerciais da Europa mediterrânea para a Europa do norte. Portugal não ganharia com isso? E teria havido outros interesses comerciais? Na época, e desde o século XIII estava proibido o comércio com os "infiéis", mas três anos depois, em 1418, uma bula do Papa Martinho V veio permitir aos portugueses esse comércio (J. CORTESÃO, 1979).

No entanto, os muçulmanos do Norte de África estavam a viver tempos quentes, que se agravariam e que também se alargariam à Europa, especialmente na área mediterrânea, durante o século XV e parte do século XVI. As secas eram frequentes e demoradas. A fome era muita e o exército marroquino ia-se desmantelando (S. BEUCHER e M. REGHEZZA, 2004). Conquistas às vezes fáceis e acordos com os povos do Marrocos atlântico permitiram apenas consolidar o avanço rápido que já então se processava ao longo da costa africana.

Fot. 54 – Centro Histórico da cidade do Porto e Rio Douro – a "Ribeira".
Foto: F. Rebelo, 2010.

Fot. 55 – Porta da muralha de Ceuta, com o escudo português.
Foto: F. Rebelo, 1990.

Conhecida desde há muito, mas não habitada, a ilha da Madeira foi encontrada e povoada, logo depois de descoberta a ilha de Porto Santo por João Gonçalves Zarco e Tristão Vaz Teixeira, em 1418 (fot. 56). Aí, sim, podia falar-se em expansão portuguesa. E o calor, se por um lado criava problemas, por outro lado, permitia alguns negócios até então desconhecidos dos portugueses. Havia incêndios florestais frequentes, é certo, mas as vinhas, entretanto introduzidas na Madeira, davam uvas três ou quatro meses mais cedo do que agora. Na verdade, comiam-se uvas pelo Pentecostes, ou seja, em pleno mês de Maio (J. M. A. SILVA, 1995). Diz-se, mesmo, que D. Manuel comia uvas da Madeira na Páscoa.

O calor avançava pelo sul da Europa e foi fácil aos portugueses navegar pelo Atlântico desde que resolveram alguns problemas técnicos nos barcos e na navegação. O Arquipélago dos Açores, situado a 1500-2000 Km do continente europeu e à latitude do Centro e do Sul de Portugal, começa então a ser descoberto (Ilha de Santa Maria – Diogo de Silves, 1427), sendo iniciado o seu povoamento doze anos mais tarde, em 1439 (fot. 57).

O arquipélago era uma importante fonte de água potável e de alimentos, atendendo à sua localização oceânica. Mas os terramotos, as erupções vulcânicas e as tempestades foram, com frequência grandes inimigos dos povoadores (J. M. SANTOS, 1990).

Fot. 56 – Praia do Porto Santo. Foto: F. Rebelo, 1975.

Fot. 57 – Baía de São Lourenço, ilha de Santa Maria.
Foto: F. Rebelo, 2008.

Entretanto, na costa africana, deixando para trás as cidades litorais de Marrocos ainda por conquistar (mesmo em 1437, a conquista de Tânger, situada na saída do estreito de Gibraltar para a costa atlântica de Marrocos, terminou em desastre), as viagens continuavam para sul e o medo da passagem do Cabo Bojador acabou por ser ultrapassado. Havia por lá muitos naufrágios. O problema foi solucionado com relativa facilidade por Gil Eanes (1434). Afinal não havia monstros. Tudo se relacionava com as características das correntes junto à costa e da dificuldade de regresso sem ser por alto mar.

Quando se fala das descobertas portuguesas, fala-se sempre do Infante D. Henrique e de Sagres. Mas nem ele navegou muito, nem parece que tenha tido uma escola em Sagres. Os barcos, fossem eles comandados por capitães portugueses ou por alguns capitães estrangeiros ao serviço do Rei português, frequentemente com o apoio de cartógrafos genoveses, partiam quase sempre de Lisboa ou de Lagos, o porto mais próximo de Sagres. As reflexões sobre as descobertas faziam-se em Lisboa, para onde tinha sido deslocada a própria Universidade de Coimbra. Depressa, todos verificaram que, em especial no verão, os ventos ajudavam muito para progredir ao longo da costa africana. Tratava-se dos ventos alísios, a que chamaram ventos gerais. E terão sido estes ventos gerais que, no ano de 1460, levaram o barco português comandado pelo italiano António de Noli até às ilhas ocidentais do arquipélago de Cabo Verde (fot. 58), do mesmo modo que terão levado navegadores portugueses até Fernando de Noronha. O Brasil estava na iminência de ser encontrado.

Fot. 58 – Cidade Velha, ilha de Santiago (Cabo Verde). Foto: F. Rebelo, 1999.

Por essa época, enquanto uns ocupavam cidades litorais marroquinas, comerciando e construindo fortalezas, outros continuavam ao longo da costa, tentando, por vezes, penetrar em áreas litorais africanas por pensarem nas hipotéticas riquezas do Sudão, que julgavam próximo. Por outro lado, na penúltima década do século XV, tendo chegado ao Índico, após viajar, primeiro, através do Mediterrâneo e, depois, por terra, Pêro da Covilhã, discretamente, com a ajuda de pilotos árabes, explorou a costa oriental de África, esteve em Sofala e atravessou o Oceano até à Índia (1488), onde, em Calecute, colheu informações sobre o comércio das especiarias – "fora o primeiro português que vira a Índia e o primeiro europeu que visitara Sofala" (D. PERES, 1960)

Na viragem do século, Vasco da Gama, em 1498, chegava à Índia e Pedro Álvares Cabral, em 1500, ao Brasil (fots. 59 e 60).

Fot. 59 – Porto Seguro, "Costa do Descobrimento" (Estado da Bahia, Brasil). F. Rebelo, 2004.

Fot. 60 – Coroa Vermelha, Porto Seguro (Estado da Bahia, Brasil) – cruz comemorativa do primeiro encontro entre os portugueses e a população nativa, bem como da primeira missa em terras brasileiras, celebrada por Frei Henrique de Coimbra. Foto: F. Rebelo, 2004.

Outros navegadores, graças ao clima mais quente do Atlântico Norte, (re) descobriram a Gronelândia (Pedro de Barcelos e João Fernandes Lavrador, entre 1495 e 1498) ou viajaram pelas costas norte-americanas, vindo a (re) descobrir a Terra Nova (Miguel e Gaspar Corte Real – 1501?). Por lá ficaram nomes bem portugueses como "Labrador" (escrito tal como se continua a pronunciar no norte de Portugal) – *Newfoundland and Labrador Province, Labrador Sea, Labrador Basin, Labrador Current, Labrador City* – e "Terra Nova" – *Terra Nova National Park* – em áreas hoje pertencentes ao Canadá. E nos Estados Unidos da América encontra-se a venerada "pedra de Dighton", talvez atestando uma segunda viagem de Miguel Corte Real (D. PERES, 1960). Por essa altura, já havia barcos portugueses na pesca do bacalhau em mares que, indubitavelmente, não eram tão frios e perigosos como já tinham sido e como voltaram a ser dois séculos depois.

Quando se avançava pelo Golfo da Guiné, certamente à procura do ouro que se dizia ali existir, descobriu-se e ocupou-se uma ilha situada no Equador – a Ilha de São Tomé (1471) –, mas deu-se, igualmente, grande importância aos contactos com os povos do litoral africano. Fizeram-se trocas comerciais e, pelo menos num caso (Benim), troca de personalidades a que hoje poderemos chamar embaixadores. As lutas com algumas tribos mais guerreiras não eram a regra, mas, quando ocorreram, levaram à morte também de alguns portugueses. No decurso dos contactos comerciais, encontrando povos que possuíam e vendiam escravos, é provável que, desde cedo, tivessem comprado alguns para a ilha de S. Tomé ou para as ilhas de Cabo Verde com destino a trabalhos domésticos. A escravatura era, então, prática corrente tanto na Europa como na África ou na América pré-colombiana. No caso concreto da costa africana, as lutas tribais conduziam frequentemente à captura de vencidos como escravos. Mesmo os portugueses, por vezes, perdendo lutas com muçulmanos, chegaram a ser levados como escravos. Na Madeira, por exemplo, algumas investidas de muçulmanos levavam centenas de pessoas cristãs para Marrocos, que depois ficavam à venda em mercados. Passadas as crises, compatriotas endinheirados iam comprar os cativos e levá-los de volta à Madeira (J. M. A. SILVA, 1995).

Os portugueses chegaram à foz do Rio Zaire em 1483 (Diogo Cão). Penetraram pelo rio alguns quilómetros. Não era por aí o caminho para o Sudão, nem o caminho para a Índia. Também não se fixaram naquela mata equatorial. Continuaram a viajar ao longo da costa para sul e foram vendo paisagens sucessivamente mais secas, com povos diferentes, que certamente teriam escravos para vender. Mas não era esse o comércio que mais lhes interessava. Estavam na costa de Angola e tinham-na explorado praticamente até à latitude de Benguela (fot. 61).

Conhecimento e colonização

Na sua viagem para a Índia, Vasco da Gama poderia ter avistado o Brasil, mas a sua rota não se aproximou da costa. O aproveitamento dos ventos alísios, numa época em que os barcos e os métodos de navegação já permitiam andar por todo o Oceano, levou-o até ao sul da África onde um outro navegador português (Bartolomeu Dias), em 1487, já tinha descoberto que não existia qualquer espécie de gigante Adamastor erguendo as ondas e afundando navios – seria apenas um problema de correntes junto à costa, com algumas semelhanças com o que se passava no Cabo Bojador, embora certamente a outra escala, com outra dimensão.

Fot. 61 – Benguela (Angola). Foto: F. Rebelo, 1969.

Iniciando a subida em latitude pela costa africana do Índico, depressa Vasco da Gama contactou povos muçulmanos e pilotos árabes capazes de o ajudarem a chegar à Índia. O objetivo principal de todos aqueles anos de viagens estava atingido. Descobrir um caminho marítimo que permitisse trazer para a Europa grandes quantidades de produtos chamados especiarias, principalmente, pimenta e canela, até então vindas por terra em pequenas quantidades, pagando impostos nos países por onde passavam, chegando a Lisboa a preços proibitivos.

E o Brasil? Pedro Álvares Cabral iria mesmo só para a Índia, como Vasco da Gama? Ou, sabendo-se da existência das terras brasileiras, já ia preparado para iniciar a ocupação do território com todo o aparato que a História nos ensina? Tudo indica que havia uma "política de sigilo na época dos descobrimentos", que já se ensaiara bem com todo o segredo ligado à expedição de 1415 a Ceuta e que continuou com a descoberta dos Açores em 1427 (J. CORTESÃO, 1979). O geógrafo sabe quão difícil era naqueles tempos calcular as longitudes; o relógio astronómico que iria permitir a sua determinação exacta só seria descoberto mais de dois séculos depois. Mas alguma coisa se deveria saber sobre o que estava para oeste quando se assinou o Tratado de Tordesilhas em 1494.

Fosse o que fosse, os portugueses conheciam bem as terras e os povos africanos. O Brasil tinha algumas semelhanças nas paisagens, mas quanto a povos era diferente. O novo continente, que já há muito sabiam que não era a Índia, mas que acabavam de comprovar com as informações de Pêro da Covilhã e com a viagem de Vasco da Gama, parecia-lhes o ideal para viver melhor do que na sua terra. O calor e as secas do clima mediterrâneo, particularmente graves naquela época, estavam ali substituídos por um quase paraíso. Vários marinheiros que foram ver a área próxima do ponto de desembarque já nem sequer regressaram aos barcos, como explica Pêro Vaz de Caminha na sua carta ao Rei D. Manuel I.

A partir daí iniciou-se a emigração para o Brasil, que não mais parou – nem nos tempos frios vividos na Europa do século XVIII, nem nos tempos quentes que se iniciaram em 1860 e que se fizeram sentir, embora com flutuações, ao longo do século XX (E. L. LADURIE, 2009). Até ao ano de 1962, o Brasil esteve em 1º lugar nos destinos preferenciais dos portugueses emigrantes. Mas houve, igualmente, uma emigração forçada de negros da costa ocidental de África – o velho comércio de escravos manteve-se mesmo para além da independência do Brasil (F. REBELO, 2006), a partir principalmente do Golfo da Guiné e de Angola. Aqui, além de Luanda, também Benguela chegou a desempenhar um papel de entreposto importante, o que facilmente se deduzia através dos casarões e quintais envolventes que marcavam a paisagem urbana em pleno centro da cidade, tal como ainda tive ocasião de observar em agosto de 1969 (fot. 62).

Fot. 62 – Benguela (Angola) – casarões e quintais eventualmente
relacionados com o entreposto de escravos ainda no século XIX.
Foto: F. Rebelo, 1969.

Com tudo o que de bom e de mau se passou, a História de Portugal interpenetrou-se com a História do Brasil durante três séculos, tendo tido como ponto mais alto a presença de Dom João VI e sua corte entre 1808 e 1822 (fot. 63). Como povo mais mestiço da Europa, que era, o português misturou-se, sem grande dificuldade, com os povos locais e com os povos que vieram de África. Os problemas criados com a perda de independência de Portugal, desde 1580 a 1640, fizeram com que os inimigos de Espanha atacassem muitos locais de ocupação portuguesa pelo mundo. Mas no Brasil, por exemplo, ficou bem claro para os holandeses que a população preferia os portugueses, como se verificou em Recife, que esteve apenas 24 anos sob o domínio holandês. Os franceses até fundaram uma cidade – São Luís do Maranhão; mas que deixaram lá para além do nome do seu Rei santificado?

Fot. 63 – Museu Histórico Nacional, Rio de Janeiro. Comemorações dos 200 anos da chegada de Dom João VI ao Brasil – exposição "Um Novo Mundo, um Novo Império". Foto: F. Rebelo, 2008.

O povo português

Perguntar-se-á, afinal, que povo é este que foi até ao Brasil e que, misturando-se com povos nativos e africanos ou incentivando a mistura entre estes, contribuiu para a origem de um povo diferente, com caraterísticas únicas. O maior etnógrafo português de todos os tempos, José Leite de Vasconcelos, analisou-o profundamente e encontrou alguns "caracteres" que sempre marcaram a diferença (J. L. VASCONCELOS, 1958).

No respeitante aos "caracteres psíquicos", considerou, antes de tudo, que o povo português é dotado de "inteligência viva, pouco sistemática e quase nada crítica", mas que é, igualmente, "muito imaginoso", tem grande "propensão para a poesia" e para o "fingimento". Não parece, portanto, ser muito elogioso, a não ser quando escreve sobre a "propensão para a poesia" – na verdade, chegamos ao século XXI com o dia nacional (10 de junho) sob a invocação do nosso maior poeta, Luís de Camões. E isso compreende-se bem se virmos a poesia popular que brota de todo o lado e a poesia erudita que vem desde os tempos medievais, passando por Camões e Fernando Pessoa, mas também por muitos e muitos outros nomes de escritores conhecidos. Qualquer geógrafo sabe como o povo português é imaginoso. Desde tempos longínquos, foi dando nomes curiosos às formas do relevo – na Serra da Estrela, por exemplo, há duas formas graníticas, bem afastadas entre si, que todos conhecem como a "Cabeça da Velha" e a "Cabeça do Velho" (fot. 64), um enorme bloco granítico a que se chama "Poio do Judeu" (fot. 26, na II Parte) e três montes próximos, também graníticos, conhecidos por "Cântaro Magro" (fot. 65), "Cântaro Gordo" e "Cântaro Raso" (S. DAVEAU, 1971; N. FERREIRA e G. VIEIRA, 1999).

Fot. 64 – "Cabeça do Velho". Forma de relevo granítico, talhada por meteorização, segundo diáclases e fraturas, situada na estrada de Manteigas para Gouveia, Serra da Estrela.
Foto: F. Rebelo, 1979.

Fot. 65 – "Cântaro Magro". Forma de relevo granítico, situada na margem direita do vale glaciar do Zêzere, Serra da Estrela.
Foto: F. Rebelo, 1979.

No entanto, José Leite de Vasconcelos terminava esse feixe de "caracteres psíquicos" com um que continua perfeitamente atual e que se me afigura algo de bastante mau – "só parece bom o que vem de fora". Cita frases extraídas de textos do século XVI – "os portugueses por serem amigos de novidades mudam de costumes com facilidade" – ou do século XVIII – "para ser estimado basta ser estrangeiro" –, frases que poderiam ter sido escritas hoje. Trata-se, evidentemente, de uma caraterística que se relaciona com a referida "inteligência" que, apesar de "viva", é "quase nada crítica", segundo as palavras do etnógrafo. Valeu ao país ter tido sempre, ao longo da sua História, grandes figuras que não se comportavam assim e sabiam "distinguir o trigo do joio".

Para além destes "caracteres psíquicos", José Leite de Vasconcelos também alinhou diversos "caracteres sensitivos" do nosso povo. Entre eles, destacaremos o caráter "amoroso", o de ser "triste, melancólico" e o de se manifestar "particularmente inclinado à bondade". Destacaremos, ainda, o seu pendor para a "saudade", palavra que parece não ter tradução para qualquer outra língua, mas que o Autor explica através das palavras de Alberto de Oliveira: "o português emigra da realidade para o sonho, mas logo transforma em sonho a realidade ausente".

Acrescenta outros "caracteres sensitivos" – "a lealdade dos portugueses, afamada por todo o mundo" e a "honra". Sobre esta, escreve – "faz-se tão alto conceito da honra que *palavra* quer dizer só por si *palavra de honra*". Acrescenta, ainda, entre outros, a "religiosidade", defendendo que ela é superficial e que o português "parece não ser fundamentalmente religioso", a "bazófia" – "todas as terras têm mais ou menos fanfarronice" –, a "basbacaria" – "olha tudo com pasmo" – e o "riso" – "chalaça irreverente e por vezes brutal".

Finalmente, José Leite de Vasconcelos apresenta os "caracteres volitivos dos portugueses". Começa pela "paciência", na verdade, uma caraterística que se resume na expressão muito habitual, *"tenha paciência"*, que poderá querer dizer "sofra e resigne-se". Outro dos "caracteres" é o "fatalismo" – diz o Autor que "o nosso povo crê na impossibilidade de mudar o curso aos acontecimentos". Outros são a "passividade" – "aceitam-se mudanças de regime quase sem relutância" –, mas também a "resistência passiva", particularmente nítida no respeitante ao incumprimento das leis. Outro, ainda, é o "desleixo", a propósito do que vai buscar uma frase de João de Deus – "ao português mais lhe dói o louvor do vizinho que o esquecimento do seu" –, o que poderá significar um dos seus maiores defeitos, a "inveja". E, por fim, o espírito de "ganhuça" corresponde a uma característica que se pode apresentar como "a sofreguidão de (obter) proventos numa empresa ou indústria" e que, no passado, "no séc. XVI", por exemplo, levou, segundo ele, a que se perdessem "muitas naus na viagem da Índia por falta de acondicionamento e arranjo" (J. L. VASCONCELOS, 1958).

No decurso de algumas viagens que realizei pelo Brasil, desde 1996, durante as quais observei comportamentos ou conversei com pessoas de diversos estatutos sociais, concluí que muitos dos "caracteres" apresentados por José Leite de Vasconcelos são comuns a portugueses e brasileiros. Nenhum outro dos povos europeus ou asiáticos entretanto idos para o Brasil poderia ter conseguido uma tão grande influência cultural, fosse pelo número de migrantes, fosse pelo tempo de permanência. A interpenetração dos elementos culturais portugueses com os elementos das culturas locais e das culturas africanas levou a uma cultura muito rica e única no mundo. O enriquecimento da língua portuguesa resultante da riqueza da cultura brasileira é o resultado que qualquer português melhor pode comprovar.

Já uma vez escrevi que, "à semelhança de muitos portugueses com que tenho falado sobre esta matéria, nunca me senti estrangeiro no Brasil". Talvez porque muitos elementos materiais da cultura sugerem proximidade, mas, especialmente, porque as pessoas que contactei, "a qualquer nível social, transmitem uma sensação de familiaridade"…"E o 'português do Brasil', mesmo o que é falado pelo povo, com toda a sua doçura e simplicidade, não deixa de ser a língua de Camões" (F. REBELO, 2006).

Agradecimento

Agradeço ao meu colega da Faculdade de Letras da Universidade de Coimbra, Professor Doutor João Marinho dos Santos, a leitura crítica deste trabalho, bem como as correções e aperfeiçoamentos que teve a gentileza de me sugerir.

Referências bibliográficas:

ALBUQUERQUE, Luís de (1982) – *Os Descobrimentos Portugueses*. Lisboa, Alfa, 287 p.

BEUCHER, Stéphanie e REGHEZZA, Magali (2004) – *Les Risques*. Rosny-sous-Bois, Bréal, Amphi Géographie, 205 p.

CHALINE, Jean (1985) – *Histoire de l'Homme et des Climats au Quaternaire*. Paris, Doin, 366 p.

CORTESÃO, Jaime (1979) – *História dos Descobrimentos Portugueses*. Lisboa, Círculo de Leitores, 4ª edição, Vol. I., 394 p.

DAVEAU, Suzanne (1971) – "La glaciation de la Serra da Estrela". *Finisterra. Revista Portuguesa de Geografia*, Lisboa, 6 (11), p. 5-40.

FERREIRA, Narciso e VIEIRA, Gonçalo (1999) – *Guia Geológico e Geomorfológico do Parque Natural da Serra da Estrela*. Lisboa, ICN e IGM, 112 p.

LADURIE, Emmanuel Le Roy (2009) – *Le réchauffement de 1860 à nos jours. Histoire Humaine et Comparée du Climat*. Paris, Fayard, 461 p.

OLIVEIRA, José Manuel Pereira de (1961) – "Evocação histórica do embarque da armada de Ceuta". *Studium Generale*, Porto, 8 (2), p.258-277; reeditado in OLIVEIRA, J. M. Pereira de (1975) – *Trabalhos de Geografia e História*, Coimbra, Biblioteca Geral da Universidade, p.253-277.

PERES, Damião (1960) – *História dos Descobrimentos Portugueses*. Coimbra, Edição do Autor, 2ª edição actualizada, 591 p.

REBELO, Fernando e CORDEIRO, A. M. Rochette (1997) – "A Geomorfologia e a datação das gravuras de Foz Côa. Metodologia e desenvolvimento de um caso de investigação científica". *Finisterra*, Lisboa, CEG, 32 (63), p. 95-105.

REBELO, Fernando (2006) – *Viagens pelo Brasil. Impressões de um Geógrafo, Memórias de um Reitor*. Coimbra, MinervaCoimbra, 191 p.+ 58 fotografias a cores.

SANTOS, João Marinho dos (1990) – *Os Açores nos sécs. XV e XVI*. Ponta Delgada, SREC, 2 vols., 740 p.

SILVA, José Manuel Azevedo e (1995) – *A Madeira e a Construção do Mundo Atlântico*. Funchal, Centro de Estudos de História do Atlântico, 2 vols., 1086 p.

SILVA, José Manuel Azevedo e (2007) – *Mazagão. Uma cidade luso-marroquina deportada para a Amazónia*. Viseu, Palimage Editores, 403 p.

VASCONCELOS, José Leite de (1958) – *Etnografia Portuguesa*. Vol. IV. Lisboa, Imprensa Nacional, 666 p.

CONCLUSÃO

PORTUGAL NÃO É UM PAÍS PEQUENO, PORTUGAL NÃO É UM PAÍS POBRE[12]

"Portugal não é um país pequeno.

Com os seus quase 92000 Km2 de superfície, é um país de dimensão média, o 13º maior da União Europeia. No contexto dos atuais 28 países da União, há 15 países mais pequenos do que Portugal.

Portugal também não é um país pobre.

Um país pobre não tem para mostrar uma das mais belas capitais do mundo, nem tantas cidades modernas, tantas casas novas, tantos automóveis, tantas auto-estradas. Um país pobre não tem tantos cientistas, escritores e desportistas apreciados nos mais variados areópagos internacionais. Um país pobre não dispõe de tantos jovens premiados em concursos de ideias inovadoras.

Portugal é um país de enorme riqueza a nível das suas paisagens, naturais e humanizadas, dos seus recursos económicos, em terra e no mar, e da sua história – o país com as mais antigas fronteiras da Europa, o país que, antes de todos os outros, fez o que se chama hoje a globalização.

---

[12] Entre aspas, fica o texto elaborado em 2007 para apresentação da disciplina de Geografia de Portugal, disciplina do 1º semestre do 1º ano da Licenciatura em Turismo, Lazer e Património, da Faculdade de Letras da Universidade de Coimbra, como tentativa de motivação de jovens para o estudo da sua terra. Na última frase do último parágrafo, "luz cintilante" foi sugestão, com que concordei, do biólogo e fotógrafo Veríssimo Dias, a quem dei a ler essas palavras e a quem, por isso, agradeço.

Portugal é um país que tem de ser visitado pelos portugueses antes de iniciarem as suas visitas ao estrangeiro. No entanto, curiosamente, Portugal é um país que exige o conhecimento de fora para dentro. Não apenas pelos castelos, igrejas e casarões que os nossos antepassados construíram pelo mundo, mas também pelas auto-estradas e centros comerciais que os nossos contemporâneos andam a construir pela Europa, pelas barragens, fábricas, hotéis e prédios de habitação que têm vindo a construir por toda a parte, especialmente no Brasil e em Angola, ou, mesmo, pelo futebol que alguns treinadores e muitos jogadores ensinam e praticam por diversos países europeus e por países de outros continentes.

Portugal é um país que só conhecemos verdadeiramente quando viajamos pelo estrangeiro e contactamos não apenas com as suas realizações do passado e do presente, mas principalmente com os povos que nos admiram, alguns dos quais, por vezes, até esperam pela nossa ajuda.

Portugal, por muito estranho que possa parecer a alguns portugueses, é um país com futuro, um país que, seja a nível do turismo, da energia, da pesca, dos meios de transporte, do ensino, do desporto ou da medicina, continua a irradiar uma luz cintilante para uma boa parte do mundo que ainda tanto dela precisa".

Na verdade, o geógrafo sabe bem que tudo nos seus estudos se relaciona com a noção de escala. Exemplifique-se com a cartografia. Quando, numa pequena folha, Amorim Girão mostrava um esboço regional de Portugal continental, poderia dar ao leitor a ideia de um país muito pequeno. Mas, quando anos antes, construiu o modelo da área da Bacia do Vouga já mostrava o relevo e a hidrografia de um espaço apreciável do território, deixando de fora a sua maior parte – olhando para esse mapa, dir-se-á que afinal Portugal não é assim tão pequeno.

Quando, mais tarde, nos anos 1940, Fernandes Martins trabalhava no Maciço Calcário Estremenho com o mapa mais pormenorizado de que dispunha, na escala de 1:100000, como tantas vezes disse aos seus alunos, tinha de andar horas a pé para compreender formas de relevo que depois representava em dois ou três centímetros no mapa. Quantos dias terão sido necessários para eu próprio, primeiro, conhecer e, depois, verificar o modelo que era a carta de declives das vertentes de apenas uma pequena parte do vale do Dueça? E, mais tarde, para procurar depósitos superficiais na área das serras de Valongo? Todos os colegas que fizeram geografia no campo, alguns dos quais, muito poucos aliás, são referidos neste livro, sabem quão grande é o nosso país. Muitos dos portugueses que se lamentam da pequenez de Portugal talvez conheçam todas as cidades e muitas das vilas, mas será que conhecem todas as aldeias? Será que se aperceberam da dimensão da albufeira de Alqueva, que se diz ser o maior lago artificial da Europa? Será que subiram às muralhas de Jerumenha para ver o seu limite norte? E os que vão tantas vezes a Espanha, será que alguma vez passaram pela fronteira de Rio de Onor – Rionor de Castilla? E os que seguem por Vilar Formoso, será que alguma vez subiram ao Jarmelo? E os que correm pela auto-estrada para o Algarve será que ficam a conhecer o Alentejo? Com efeito, só diz que Portugal é um pequeno país, quem compara o incomparável – Portugal não pode comparar-se com Espanha ou com a França, muito menos com os Estados Unidos da América ou com o Brasil. E não é só por uma questão de dimensões territoriais tão diferentes.

Quanto ao facto de Portugal também não ser um país pobre, basta conhecer o povo português e a sua riqueza cultural, o que ele deu ao mundo e o que do mundo recebeu, assimilou e reproduziu.

Mas há também a diversidade de paisagens – quando sobressai a componente natural, a beleza é tão nítida que só não repara nela quem todos os dias a saboreia, quando sobressai a componente humana, só não a admira quem a criou e a recria ao longo dos anos. Muitos turistas que visitam o Algarve percorrem a pé as arribas entre a Praia do Carvoeiro e a Praia da Armação de Pêra, verdadeiramente impressionados; outros (ou os mesmos) vão ao Barrocal visitar o "polje" da Nave do Barão. Muitos turistas viajam pelo Rio Douro para ver os socalcos com vinhas que se tornaram Património da Humanidade. Muitos turistas vêm à Serra da Estrela exclusivamente para admirarem as suas moreias, circos e vales glaciares, os seus penedos graníticos ou a sua fauna e flora. Claro que também há muitos turistas que vêm a Portugal por motivos ligados à história, à arte, à arquitetura, à religião, à gastronomia, ao desporto ou até a espetáculos. A maior parte virá com diversas motivações. Será que eles pensam que Portugal é um país pobre?

É já um lugar comum dar-se o exemplo do nosso mar para referir uma das nossas maiores riquezas. Talvez seja, mas em terra, concretamente, no subsolo, também há riquezas importantes e nem todas bem conhecidas. Há mapas publicados que salientam potencialidades a nível mineral e os mesmos, ou outros, salientam as muitas pedreiras com rochas de grande valor. Por outro lado, a cortiça, os vinhos e os azeites, as carnes e os laticínios, por exemplo, são cada vez mais apreciados nos mercados exigentes.

No entanto, a maior riqueza de Portugal está na capacidade intelectual e de trabalho dos seus jovens. A onda de emigração que neste momento histórico avassala o país irá certamente perder força e terá o seu refluxo. Como diz o povo português, na sua sabedoria de séculos, "não há mal que sempre dure".